变电站自动化现场验收

一本通

广东电网有限公司广州供电局 编

中国电力出版社
CHINA ELECTRIC POWER PRESS

图书在版编目（CIP）数据

变电站自动化现场验收一本通 / 广东电网有限公司广州供电局编. —北京：中国电力出版社，2023.8
ISBN 978-7-5198-7981-5

Ⅰ．①变…　Ⅱ．①广…　Ⅲ．①变电所–自动化技术–工程验收　Ⅳ．①TM63

中国国家版本馆 CIP 数据核字（2023）第 129298 号

出版发行：中国电力出版社
地　　址：北京市东城区北京站西街 19 号（邮政编码 100005）
网　　址：http://www.cepp.sgcc.com.cn
责任编辑：雍志娟
责任校对：黄　蓓　李　楠
装帧设计：郝晓燕
责任印制：石　雷

印　　刷：三河市航远印刷有限公司
版　　次：2023 年 8 月第一版
印　　次：2023 年 8 月北京第一次印刷
开　　本：787 毫米×1092 毫米　16 开本
印　　张：10.75
字　　数：225 千字
印　　数：0001—1000 册
定　　价：80.00 元

审核编委会

本书编委会

前言

　　自 2002 年成立以来，南方电网通过二十年的建设已形成统一的电网运行管理工作平台模式，统一调度，分级管理。全网分为南网总调、省调和地调不同级别，分管不同电压等级设备，与变电站端数据系统构成四级系统架构。南方电网自动化运行管控系统是南方电网一体化电网运行智能系统（OS2）的资源管控类、运行管理类、安全管控类功能模块的集合，是南方电网自动化运行工作的技术支持系统，原始监测数据的实时性、正确性和可靠性是平台运维管理高效的基石，而原始监测数据的来源是变电站端：各电压等级变电站端 IED 设备采集测量监控数据经过交换机一方面传送至当地监控后台，另一方面传送至智能远动机，智能远动机将监控数据进行规约转换后通过专线或二次安防系统传送至调度数据网，站内监控后台系统、智能远动机均实现了双冗余配置，二次安防的双平面建设也全面完成并投入运行，其重要通信设备和监控设备装置电源均已实现双不间断电源（UPS）供电，在保障网络安全方面采用物理隔离措施、加强访问控制、数据加密和加强网络病毒防护措施等，加上态势感知系统的全面布局，使我们的源头数据和电力自动化系统建设稳固。在这里感谢广州供电局刘文权、关天云、肖舒乐、王倩、唐宜芬、林沁和郭莉对工作室工作的帮助和支持，感谢南瑞继保电气有限公司王秋洋，彭飞在书籍出版过程中给予的帮助。

　　现阶段国有企业改革和电力体制改革提出创建"两精两优、国际一流"的战略目标，全面建设"智能、可靠、绿色、高效"智能电网，南网电网为促进电网高质量发展，建成安全、可靠、绿色、高效的智能电网，打造新一代电网智能运维体系，支撑实现"3060双碳目标"。为广州供电局局创新发展，当好中心、窗口、标杆，率先全面建成世界一流城市电网企业。对自动化新技术应用提出更高的要求，也给自动化专业发展模式带来了挑战。目前南方电网变电站的总数接近 8000 座，自动化设备总数量大于 50 万台，自动化设备供应厂商多、型号多，减员增效对维护人员提出了更高的要求，如何防范自动化系统的失灵，调控一体化防误都显得非常紧迫；如何全面推进"调控一体化"的运营管控模式，对自动化电力市场改革，以及自动化监视和控制的范围和水平也很重要。提升二次装备及运维管理水平，推广应用一体化运维、告警直传、远程运维、源端维护等智能运维技术是硬件措施保障；习近平总书记在讲话提出"千秋基业、人才为先"，加强自动化专业知识培训，人才梯队培养，更新优化现有的行业验收标准，快速夯实新生力量的专业基础知识是实现目标的基础保障。

本书主要按照"规范性引用文件"并参考行业、网省局各级发文以及反事故措施等技术文件汇编而成，尽可能让变电站自动化施工、验收人员一册在手，不再耗费时间及精力在烦冗的规范中寻找、比对及整理，也可以作为设计、运维人员的参考。编者水平有限，疏漏之处在所难免，恳请各位专家及读者批评指正，我们希望通过未来不断的完善修编为一线员工减轻负担。

编　者

2023 年 7 月

目录

总　概

为保障广东省电力系统厂站端（含变电站、开关站、换流站、发电厂站网控部分）自动化系统现场调试验收工作的专业性、规范性和可操作性，适应广东电网运行管理的需求，特编写《变电站自动化现场验收一本通》，本书汇集多年的现场调试经验、结合网公司验收规范规程和往年电网的反事故措施，意在快速提高继保自动化人员的运行维护技能，并能快速掌握继电保护自动化专业的规范流程和方法，有效控制其运维风险。

随着国内电网自动化技术的快速发展和变更，变电站自动化专业在实践中发现专业界面越来越广，旧的验收规范及标准往往只是关注装置与设备，随着运维要求的提高，尤其是变电站网络安全、态势感知及源端维护等新技术要求的加入，重新修编适用于变电站自动化专业施工、运维人员需要的验收评价标准变得较为急迫。

本书共分为 18 章，其中第 1 章为总概，第 2 章为总则，第 3 章为规范性引用文件，第 4 章为自动化三级质检和总体工程抽检，第 5、6 章为站端监控后台与"五防"验收要求，第 7 章考虑目前都是智能远动机就不再赘述普通远动机，第 8 到第 11 章都考虑了智能变电站的技术特点，第 12 章时间同步系统验收也考虑北斗验收的技术要求，第 13 章介绍了交流不间断电源系统，第 14 章介绍了同步相量测量系统，第 15、16 章是将变电站网络安全对自动化技术要求修编汇总，第 17 章考虑源端维护的技术发展需要进行了修编，第 18 章按照公司要求对视频技术必须由自动化专业管理因此一并纳入。

2

总　　则

2.1　为实现广州地区变电站基建工程验收和生产使用同一验收标准的管理要求，强化和落实业主项目部及启委会验收组的项目质量验收管控工作，保证工程质量，编写此书作为学习参考。

2.2　本书包括了主机/操作员站、"五防"机、智能远动装置、网络交换机、测控装置、通信管理装置、时间同步系统、UPS 装置、二次安防设备等变电站自动化系统总体验收等方面内容，适用于广东电网广州供电局所属 110～500kV 变电站自动化（基建、扩建、技改）工程的施工质量验收与评定，其他电压等级的工程亦可参照执行。

2.3　本标准的内容依据现行国家有关工程质量的法律、法规、管理标准、技术标准及电力行业有关标准编制。

3

规范性引用文件

下列文件中的条款通过本书的引用而成为本书的条款。本书依据的文件中，凡是注明日期的，其随后所有的修订版均不适应本书。凡是不注明日期的引用文件，其最新版本适用本书。

GB/T 13729—2002　远动终端设备

GB/T 13730—2002　地区电网调度自动化系统

GB/T 15153.1—1998　远动设备及系统　第2部分：工作条件

GB/T 16435.1—1996　远动设备及系统接口（电气特性）

GB/T 17463—1998　远动设备及系统　第4部分：性能要求

GB/T 18657.1—2002　远动设备及系统　第5部分：传输规约

GB/T 18700.1—2002　远动设备和系统　第6部分：与ISO标准和ITU–T建议兼容的远动协议

GB/T 31994—2015　智能远动网关技术规范

GB/Z 25320.1—2010　电力系统管理及其信息交换　数据和通信安全

GB/T 26866—2011　电力系统时间同步检测规范

GB/T 33601—2017　电网设备通用模型数据命名规范

DL/T 476　电力系统实时数据通信应用层协议

DL/T 516　电力调度自动化系统运行管理规程

DL/T 687　微机型防止电气误操作系统通用技术条件

DL/T 860　电力自动化通信网络和系统

DL/T 1403　智能变电站监控系统技术规范

DL/T 1404　变电站监控系统防止电气误操作技术规范

DL/T 5002　地区电网调度自动化设计技术规程

DL/T 5003　电力系统调度自动化设计技术规程

DL/T 5136　火力发电厂、变电所二次接线设计技术规程

DL/T 5137　电测量及电能计量装置设计技术规定

3

DL/T 5149—2001　220kV～500kV 变电所计算机监控系统设计技术规程

DL 5161.8—2002　电气装置安装工程质量检验及评定规程　第 8 部分：盘、柜及二次回路接线施工质量检验

DL/T 634.5.101—2002　远动设备及系统　第 5-101 部分：传输规约基本远动任务配套标准

DL/T 634.5.104—2009　远动设备及系统　第 5-104 部分：传输规约　采用标准传输规约集的 IEC 60870-5-101 网络访问

DL/T 860.6—2012　电力自动化通信网络和系统

DL/T 5002—2005　地区电网调度自动化设计技术规程

DL/T 1380—2014　电网运行模型数据交换规范

DL/T 476—2012　电力系统实时数据通信应用层协议

DL/T 243—2012　继电保护及控制设备数据采集及信息交换技术导则

DL/T 860.5—2006　变电站通信网络和系统　第 5 部分：功能的通信要求和装置模型

DL/T 860.6—2012　电力自动化通信网络和系统　第 6 部分：与智能电子设备有关的变电站内通信配置描述语言

DL/T 860.73—2013　电力自动化通信网络和系统　第 7-3 部分：基本通信结构公用数据类

中国南方电网电力调度控制中心厂站自动化系统核心业务"统一标"汇编-厂站综合自动化系统分册

中国南方电网电力调度控制中心厂站自动化系统核心业务"统一标准"汇编-相量测量装置分册

DL/T 280—2012　电力系统同步相量测量装置通用技术条件

DL/T 1402—2015　厂站端同步相量应用技术规范

DL/T 1405.1—2015　智能变电站的同步相量测量装置　第 1 部分：通信接口规范

DL/T 1311—2013　电力系统实时动态监测主站应用要求及验收细则

DL/T 1100.1—2009　电力系统的时间同步系统　第 1 部分：技术规范

DL/T 1100.2—2013　电力系统的时间同步系统　第 2 部分：基于局域网的精确时间同步

JB/T 5777.2—2002　电力系统二次电路用控制及继电保护屏（柜、台）通用技术条件

JB/T 5777.3—2002　电力系统二次电路用控制及继电保护屏（柜、台）基本试验方法

S.00.00.05/Q106-0007-0810-4287　广东电网 110～220kV 变电站自动化系统技术规范

S.00.00.05/Q106-0007-0810-4412　广东电网 500kV 变电站自动化系统技术规范

Q/CSG 1203030—2017　110kV 及以下变电站计算机监控系统技术规范

Q/CSG 1203029—2017　220kV～500kV 变电站计算机监控系统技术规范

Q/CSG 1203005—2015 南方电网电力二次装备技术导则

Q/CSG 11006 中国南方电网数字化变电站技术规范

Q/CSG 1204009 中国南方电网电力监控系统安全防护技术规范

Q/CSG 110005—2012 南方电网电力二次系统安全防护技术规范

Q/CSG 110023 南方电网公司变电站防止电气误操作闭锁装置技术规范

Q/CSG 1204005 南方电网一体化电网运行智能系统技术规范

Q/CSG 510001 标示牌符合中国南方电网有限责任公司电力安全工作规程

Q/CSG 110006—2012 DL 634.5.104—2002 远动协议实施细则

Q/CSG 110007—2012 DL 634.5.101—2002 远动协议实施细则

Q/CSG 1206003—2017 变电站自动化系统检验技术规范

Q/CSG 1204005.37—2014 南方电网一体化电网运行智能系统技术规范
　　　　　　　　　　总调直采厂站自动化基础参数配置要求（2021 年版）
　　　　　　　　　　南方电网调控一体化设备监视信息及告警设置规范

Q/CSG 1203029—2017 220kV～500kV 变电站计算机监控系统技术规范

Q/CSG 110024—2012 南方电网 10kV～500kV 输变电及配电工程质量验收与评定标准 第六册：变电自动化
　　　　　　　　　　广东电网有限责任公司 220kV 及以下智能变电站继电保护验收指引（试行）－智能变电站网络验收指引（智能变电站现场验收）

Q/CSG 1204055—2019 南方电网变电站 CIM 模型文件生成技术规范（试行）
　　　　　　　　　　南方电网源端维护工程技术方案_V1.2_20210531

Q/CSG－GPG 2063001—2021 广东电网有限责任公司变电站视频及环境监控系统运行管理细则

Q/CSG 1203063—2019 变电站视频及环境监控系统技术规范

Q/CSG 1204005.34—2014 南方电网一体化电网运行智能系统技术规范 第 3 部分：数据 第 4 篇：IEC 61850 实施规范

Q/CSG 1204005.67.1—2014 南方电网一体化电网运行智能系统技术规范 第 6 部分：厂站应用 第 7 篇：厂站装置功能及接口规范 第 1 分册：通用技术条件

Q/CSG 1203052—2018 南方电网相量测量装置（PMU）技术规范

Q/CSG 1203023—2017 数字及时间同步系统技术规范

Q/CSG 1204069—2020 电力监控系统网络安全态势感知采集装置技术规范（试行）

Q/CSG 1203032—2017 南方电网自动电压控制（AVC）技术规范

调继〔2009〕26 号 中国南方电网继电保护信息系统技术规范

发改委〔2014〕14 号 电力监控系统安全防护规定

国能安全〔2015〕36 号 电力监控系统安全防护总体方案

发改委第 14 号令 电力监控系统安全防护规定

厂站自动化系统核心业务"统一标准"汇编 厂站综合自动化系统分册（2018 版）

国能安全〔2015〕36 号 力监控系统安全防护总体方案

南方电网系统〔2015〕22 号 中国南方电网电力监控系统安全防护技术规范

办总调〔2021〕11 号 关于进一步推进电力监控系统网络安全态势感知建设与实用化工作的通知

办系统〔2019〕29 号 关于印发南方电网电力监控系统网络安全态势感知厂站采集装置实施指南的通知

总调自〔2022〕28 号 基于智能远动机的 AVC 控制防误功能技术方案（征求意见稿）

4

自动化三级质检和总体工程抽检

4.1 自动化三级质检和总体工程抽检概述

电力调度自动化系统是电力系统的重要组成部分，是确保电力系统安全、优质、经济、环保运行和电力市场运营的基础设施，是提高电力系统运行水平的重要技术支撑。变电站自动化系统是电力调度自动化系统的重要组成部分、基础数据来源和远方控制的必备手段。

变电站自动化系统是指将二次设备（包括控制、保护、测量、信号、自动装置和远动装置）利用微机和网络技术经过功能的重新组合和优化设计，对变电站执行自动监视、测量、防误、控制和协调的一种综合性的自动化系统，是自动化和计算机、通信技术在变电站领域的综合应用。它具备统一规划、整体管理、功能综合化（其综合程度可以因不同的技术而异）、系统构成数字（微机）化及模块化、操作监视屏幕化、运行管理智能化等特征。变电站自动化系统的检验工作对象包括监控后台、"五防"工作站、测控装置、网络设备、远动装置、时间同步系统、不间断电源、同步相量测量设备、规约转换装置、电力监控系统安全防护设备。

变电站自动化系统只有经过认真、严格、规范的标准化验收，才能保证投运后系统稳定、安全可靠运行。变电站自动化系统的验收测试工作应由建设单位生产运行维护部门总负责，建设单位有关部门、设计单位、生产厂家、安装调试单位参加，共同完成现场验收工作。

现场验收应在变电站自动化系统现场安装调试完毕后，系统启动投运前进行，按Q/CSG 126003—2017 要求，在开展变电站综合自动化系统的现场验收工作前，应确保：① 系统硬件设备和软件系统已在现场完成安装、调试工作；② 安装调试单位完成二次回路接线及二次设备的调试工作，完成与现场设备相符的图纸和资料的编制工作，并已提交业主单位；③ 与系统相关的辅助设备（电源、接地、防雷等）已安装调试完毕；④ 安装调试单位已提交现场验收申请报告，并已报验收单位批准；⑤ 验收单位完成现场验收大纲的编写、审核工作；⑥ 验收单位在验收前组织有关人员查验"四遥"联调报告、图纸和安装/调试报告；⑦ 验收工作所需各项安全措施已做完备。

4.2 自动化三级质检和总体工程抽检质量验收记录表

自动化三级质检和总体工程抽检质量验收记录表见表4-1。

表4-1 自动化三级质检和总体工程抽检质量验收记录表

项目名称				单位工程名称			
建设单位			设计单位			开工日期	
施工单位			监理单位			竣工日期	
序号	检验项目		验收内容记录			业主项目部核查意见	启委会验收组抽查结果
1	质量控制资料核查	厂家及施工资料	1.1 设备技术协议				
			1.2 综合自动化相关装置的出厂调试验收报告、合格证和入网测试证明齐全				
			1.3 自动化相关装置的厂家说明书与现场装置版本一致				
			1.4 自动化相关厂家图纸资料				
			1.5 施工调试报告及施工记录				
			1.6 设计蓝图、阶段性补充和修改蓝图				
			1.7 分项工程质量验收记录表				
			1.8 分项工程质量验收消缺整改记录表				
			1.9 自动化工作进度总规范表				
			1.10 电力监控系统网络安全实施方案				
			1.11 电力监控系统入网安评报告				
		监理过程控制资料	1.12 监理旁站记录				
			1.13 监理初检消缺整改记录				
	核查结果		应核查资料份数				
			实核查资料份数				
			符合标准要求份数				
2	安全和主要功能抽查		2.1 监控后台系统数据库及界面完成率验收抽查				
			2.2 站控层网络搭建验收抽查				
			2.3 按 Q/CSG 1204005.37—2014 要求对远动"三遥"点表验收抽查				
			2.4 间隔层自动化设备功能验收抽查				
			2.5 "五防"子系统（一体化"五防"）验收抽查				
			2.6 变电站自动化系统配置的防雷器检查				
			2.7 远动系统通道搭建验收抽查				
			2.8 通信管理机功能验收抽查				
			2.9 时间同步系统对时功能验收抽查				

续表

序号	检验项目	验收内容记录	业主项目部核查意见	启委会验收组抽查结果
2	安全和主要功能抽查	2.10 交流不间断电源系统功能验收抽查		
		2.11 整租试验抽查		
		2.12 网络安全策略及通道调试情况验收抽查		
		2.13 网络安全中、高风险情况验收抽查		
		2.14 态势感知功能验收抽查		
	核查结果	应核查项数		
		实核查项数		
		符合标准和设计要求份数		
3	观感质量验收	3.1 现场机柜检查，屏柜及装置标识检查		
		3.2 站控层设备、间隔层设备、网络设备及辅助设备数量清点、型号及外观检查		
		3.3 二次回路接线工艺检查		
		3.4 通信网络线、对时通信线放置标准检查		
		3.5 连接片标签、网线和光纤标识检查		
		3.6 屏柜二次接地和设备机箱接地检查		
	核查结果	应核查项数		
		实核查项数		
		符合规定标准要求份数		
4	施工人员验收	4.1 施工调试人员施工安全资质检查		
		4.2 施工调试人员数量是否满足工程需要		
		4.3 施工调试人员具备自动化调试资格检查		
	核查结果	应核查项数		
		实核查项数		
		符合规定标准要求份数		

监理单位验收意见：

启委会验收组验收意见：

合格：＿＿＿＿＿项
不合格：＿＿＿＿＿项

缺陷处理情况：

验收单位	质量验收结论	签名		
班组		年	月	日
施工队		年	月	日
项目部		年	月	日
监理		年	月	日
启委会验收组（只对所抽检分项工程签名确认）		年	月	日

5

监控主（备）机/操作员站

5.1 监控主（备）机/操作员站概述

变电站计算机监控系统是电力调度自动化系统的重要组成部分，是电力调度自动化系统的基础数据来源和远方监控的必备手段。采用符合 DL/T 860《电力自动化通信网络和系统》标准的体系结构和智能一次设备的变电站计算机监控系统由三个层次构成，分别为站控层、间隔层、过程层，层与层之间应相对独立。不采用智能一次设备的变电站计算机监控系统由两个层次构成，分别为站控层、间隔层。站控层由监控后台以及智能远动机等几个部分组成。

监控后台设备的配置应满足变电站终期规模运行监视控制的实时性、可靠性、完整性要求以及监控系统运行周期内计算机设备及配件的可维护要求，配置的存储容量应能满足所有重要的历史数据保存 3 年的要求。

监控后台设备完成变电站运行情况的收集、处理、存储，保证运行人员能够实现全站一、二次设备的运行监视、操作控制和运行情况的统计分析，220kV 变电站设备包括：1 号监控主机（单屏显示）兼操作员工作站和维护员工作站、2 号监控主机（单屏显示）兼"五防"工作站、远动装置、网络通信设备、卫星同步对时系统、打印设备、音响告警设备以及其他智能接口设备等；500kV 变电站设备包括：1 号监控主机（双屏显示）兼操作员工作站和维护员工作站、2 号监控主机（单屏显示、"五防"工作站通过 KVM 与其共用）、"五防"工作站（单屏显示）、远动装置、网络通信设备、时间同步对时系统、打印设备、音响告警设备以及其他智能接口设备等。站控层的重要设备如远动装置、网络通信设备、时间同步对时系统等应采取冗余配置（一般为 2 台）以保证连续运行的可靠性。220kV 变电站计算机监控系统典型结构（含"五防"机）如图 5-1 所示。

全站应配置一套站控层防误闭锁系统，由"五防"主机、电脑钥匙、锁具三大部分组成，具备全站防止电气误操作闭锁功能，220kV 变电站的"五防"工作站应与监控主机合并，500kV 变电站可配置独立的"五防"工作站。

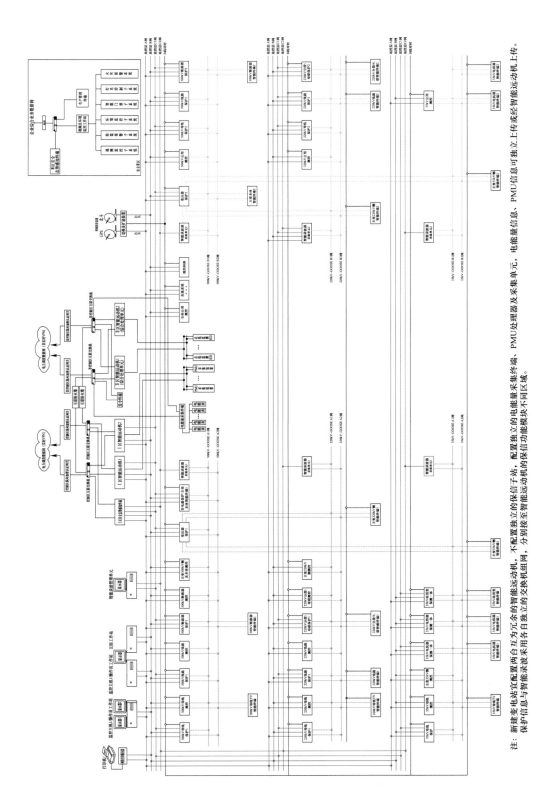

图 5-1 220kV 变电站计算机监控系统典型结构（含"五防"机）

注：新建变电站宜配置两台互为冗余的智能远动机，不配置独立的保信子站，配置独立的电能量采集单元，PMU处理器及采集单元、PMU信息可独立上传或经智能远动机上传。保护信息与智能电能采波采用各自独立的交换机组网，分别接至智能功能模块不同区域。保护信息、电能量信息、PMU信息可独立上传或经智能远动机上传。

5.2　监控主（备）机/操作员站工程质量验收记录表

监控主（备）机/操作员站硬件检查验收记录表见表 5−1。

表 5−1　　　　　　　　监控主（备）机/操作员站工程质量验收记录表

计算机厂家及型号				计算机操作系统及版本			
监控系统厂家				监控系统版本			
序号	工序	检验项目	性质	质量标准		检验方法及器具	施工单位自检结果	启委会验收组抽查结果
				验收结果	合格要求			
1	资料检查	出厂试验报告、合格证、设备技术资料、说明书等	主要		应完整	查阅、记录，监理工程师签字确认并保存		
2					具备预验收报告			
3					具备工厂验收报告			
4		型式试验报告	主要		应具备			
5		装箱记录、开箱记录	主要		应具备			
6		装置硬件配置检查	主要		设备型号、外观、数量需满足项目合同所列的设备清单	检查设备型号、外观、数量，核对是否满足项目合同所列的设备清单		
7		设备外观	主要		无破损、无缺漏	查看、对比资料		
8		装置安装质量	主要		安装牢固	检查电源、数据线缆是否安装牢固		
9		接口封堵	重要		机器前后 USB 接口、多余网口均采用措施可靠封堵	检查 USB 接口、多余网口		
10	工作电源检查、测试	工作电源配置检查	主要		与设计一致，符合相关标准。双电源的设备两路电源应分别来自不同的 UPS 母线；双机冗余配置的单电源设备，各机电源必须来自不同段的 UPS 交流母线，各路电源配置独立空开	查看电源回路，测量工作电压，站用交流失压时机器不掉电		
11	外部连线标识检查	外部连线标识检查	主要		电源线、网线、串口线、视频线等走向标示正确、清晰	检查标识		

序号	工序	检验项目	性质	质量标准		检验方法及器具	施工单位自检结果	启委会验收组抽查结果
				验收结果	合格要求			
12	网络接线	网络接线检查	主要		连接准确，通信正常	网口、网线标签标识清晰；按图纸接入对应站控层交换机相关网口。防护跨区互联检查：核查是否有同时用网线连接不同安全分区的情况。与站控层设备通信正常（可结合实际功能验收开展）		
13	设备状况、防尘、散热情况检查	设备状况、防尘、散热情况检查	主要		通风散热良好，带防尘网，设备稳定运行	检查设备防尘散热措施		
14	外围设备运行工况检查	外围设备运行工况检查	主要		标识清晰，运行正常	检查标识；上电运行检查；键盘、鼠标、显示器、音箱运行正常，标签标识准确		
15	计算机硬件配置、操作系统、应用软件及监控系统版本检查	硬件内部配置检查	主要		与技术协议一致	查看硬件配置并核对		
16		监控软件版本号及运行状态检查	重要		监控软件版本与系统运行部下发的版本要求一致，运行正常	查看软件版本信息，核对并记录，监控系统运行正常流畅		
17		监控后台统一化配置工具	主要		版本符合要求	记录统一化配置工具版本，并核查与出厂版本是否一致，是否为通过测试的定版		
18		操作系统版本及运行状态检查	重要		操作系统版本与系统运行部下发的版本要求一致，运行正常，驱动程序安装完整，满足电力监控系统网络安全最新要求	查看系统版本信息核对并记录，操作系统运行正常流畅，非 Windows 系统还需记录操作系统内核版本		
19		应用软件运行检查	主要		与技术协议一致（商业数据库、调试软件等）	打开各应用软件均运行正常，数据库软件应记录数据库型号与版本		
20	用户与权限配置、计算机安全加固检查	操作系统用户与权限配置	主要		符合要求	1. 使用命令查看用户清单：cat/etc/passwd。2. 使用命令查看用户组：cat/etc/group。3. 应按照最小化配置原则配置用户，非必要用户应：（1）删除或停用操作系统、中间件、数据库中的缺省账号以及无效账号，保障 Windows 无 administrator、guest 用户模式运行、Linux/Unix 无 root 用户模式运行；（2）删除或停用业务系统的无效账号；（3）按最小化原则，合理配置账号及相关参数，严格管理各类账号的权限，关闭权限自动提升功能。4. 所有用户密码统一按班组要求进行整定，不得采用原始密码		

13

序号	工序	检验项目	性质	质量标准		检验方法及器具	施工单位自检结果	启委会验收组抽查结果
				验收结果	合格要求			
21	用户与权限配置、计算机安全加固检查	监控后台用户与权限配置	主要		符合要求	通过监控后台用户配置程序检查用户清单、用户所在组、用户组权限是否满足以下要求： 1. 用户组配置合理，维护人员权限、运行人员权限、审计人员权限隔离。 2. 应删除监控后台默认账号或者修改其原始密码。 3. 应配置"自动化班"账户，权限为维护人员（含画面、数据库等常规维护权限，应不包含操作、监护权限）。对应密码按照班组要求进行整定。 4. 按照运行人员提供名单配置，应只具备操作、监护、置数、挂牌等常规权限，原则上不应配置维护权限		
22		密码安全性检查	重要		操作系统登录密码和监控系统用户登录密码，必须满足至少8位，且包含数字、字母或特殊符号的组合，用户名和口令不得相同	登录所有用户测试		
23		操作系统默认启动账户			符合要求	应设置操作系统默认启动账户为配置好相关权限的账户。若不能满足此要求应于显示器上下方粘贴指引提示。 （如 CentOS 开机默认账号 sznari，但需要手动输入 root 账户登录方可开启监控后台系统）		
24		封堵端口	重要		封堵高危端口服务	根据南网要求及厂家答复南网的加固说明，封堵高危端口及高危服务		
25		操作系统补丁	重要		根据南网要求，对存在漏洞的操作系统版本安装补丁加固。 1. 清除无用的硬件、软件和文件： （1）排查在运系统，退出没有运行价值的系统及设备； （2）按最小安装原则，卸载与生产业务无关的软件，尤其是具有自动监听或定期对外发送报文行为的无关软件；	安装补丁、清理进程、检查服务		

序号	工序	检验项目	性质	质量标准		检验方法及器具	施工单位自检结果	启委会验收组抽查结果
				验收结果	合格要求			
25	用户与权限配置、计算机安全加固检查	操作系统补丁	重要		（3）逐一检查持续运行或周期运行的进程，及时清除用于调试、测试等与正常运行无关的进程； （4）自动清理保存超过 6 个月且无价值的日志文件等。 2. 关闭不必要的网络服务： （1）禁止开启与监控系统无关的服务，禁止开启无关的服务，禁用或关闭 E-Mail、Web、FTP、telnet、rlogin、NetBIOS、DHCP、SNMPV3 以下版本、SMB 等通用网络服务或功能； （2）网络设备、安全设备禁用 TCP SMALL SERVERS、UDP SMALL SERVERS、Finger、HTTP SERVER、BOOTP SERVER、DNS 查询等不必要的公网服务或功能； （3）关闭业务系统不使用的私有网络监听端口； （4）消除业务系统或功能设计缺陷，取消无价值的网络通信行为（例如定期 ping 网关）； （5）关闭防病毒软件、输入法等应用软件的互联网更新服务	安装补丁、清理进程、检查服务		
26	监控后台自启动与同步	自动启动	主要		符合要求	应配置监控后台随操作系统自启动		
27		人工启停	主要		符合要求	操作系统桌面应配置"启动监控后台""关闭监控后台"快捷方式		
28		多机同步功能	主要		符合要求	画面、报表及数据库等新建、修改、删除时，应能自动同步到其余计算机		
29		其他	主要		符合要求	站内远动机屏无配置显示器的，需要在监控后台桌面放置配置好的远程液晶工具，并附带使用指引		

序号	工序	检验项目	性质	质量标准		检验方法及器具	施工单位自检结果	启委会验收组抽查结果
				验收结果	合格要求			
30	监控后台窗口画面检查	主界面	主要		符合要求	满足南方电网变电站自动化系统人机界面规范；按照显示器所支持最高分辨率配置界面大小，原则上应无需缩放即可展示完全（其他分图应全部满足此要求）；一次结线图绘制准确清晰；相关遥测、光字布置整齐清晰；配置有音箱测试按钮；跳转正常		
31		索引图	主要		符合要求	满足南方电网变电站自动化系统人机界面规范；布置合理均匀，无缺漏		
32		间隔分图	主要		符合要求	间隔接线绘制准确清晰；顺控按钮、通信状态、把手、遥测、遥信光字、软硬连接片、软报文、间隔层"五防"状态光点等分区布置，分布均匀合理，元素过多情况下可分多个分图，如测控分图、保护分图等。详细元素审查见表单。应提前根据蓝白图、保护定值等确认画面元素，尽量避免"三遥"验收开展过程中频繁开展元素删减		
33		站控层通信状态图	主要		符合要求	应根据全站站控层通信结构图绘制，准确反应接线关系以及通断状态		
34		过程层光链路状态分图	主要		符合要求	应根据全站过程层通信结构图绘制，准确反应接线关系以及通断状态		
35		全站远方就地把手分图	主要		符合要求	应绘制全站远方就地把手分图，布置合理均匀，无缺漏		
36		AVC 闭锁分图	主要		符合要求	应根据电容器配置数量进行绘制，准确反应连接片、电压越限闭锁、遥信越限闭锁状态		
37		报表显示	主要		符合要求	应根据运行人员要求具备常用典型报表，包括日报表、月报表、年报表等		
38		报表、告警窗、历史记录查询、"五防"系统等窗口检查	主要		符合要求	应具备各窗口，且满足南方电网变电站自动化系统人机界面规范；遥信报文应按规范配置等级并区分显示（事故、异常、越限、变位、告知）		

续表

序号	工序	检验项目	性质	验收结果	合格要求	检验方法及器具	施工单位自检结果	启委会验收组抽查结果
39		其他分图	主要		符合要求	由现场补充		
40		拓扑着色（可选）	主要		具备网络拓扑着色功能	启动网络拓扑着色功能，模拟设备带电及进行相关断路器、隔离开关位置变化，观察设备拓扑及着色，不使用网络拓扑功能时该项忽略		
41	监控后台窗口画面检查	画面的放大、缩小，移屏、分幅以及航海图显示	主要		符合要求	具备步进式放大、缩小，无级放大、缩小，局部放大、缩小中的一种或多种方式，能显示航海图，并具备移屏、分幅功能		
42		标示牌	主要		符合要求	检查是否按照现场应用需求制作好标示牌，且标示牌功能正常，标示牌样式参考关于按照《中国南方电网有限责任公司电力安全工作规程》设置电子标示牌功能的通知（南方电网系统〔2015〕18号）		
43		画面报文一致性	主要		符合要求	核对遥信，确保光字牌、SOE、COS变位一致，并且满足SOE时间与COS时间差小于2s		
44	遥测量检查	遥测量关联正确	主要		符合要求	依据图纸、点表、"三遥"验收表单，结合主画面、间隔画面开展验收		
45	遥信量检查	遥信量关联正确	主要		符合要求	依据图纸、点表、"三遥"验收表单，结合主画面、间隔画面开展验收		
46	遥控遥调检查	遥控操作检查	主要		应符合要求：一次接线图应禁止遥控。控制操作宜在间隔画面实现。监控后台遥控操作，应具备选择、返验、执行的步骤进行，选择和执行应判断相应的闭锁条件。遥控选择后超时未有相应"返校"，应自动撤销	对断路器、隔离开关、主变压器挡位、软连接片等可控设备进行各种控制应返校正确、执行正确，控制命令从生成到输出的时间（从监控后台命令生成到I/O出口），≤1s；从操作员工作站发出操作指令到现场变位信号返回总的时间响应（扣除回路和设备的动作时间），≤4s。对设置了防误闭锁逻辑的遥控对象，验证其防误闭锁逻辑应正确		

序号	工序	检验项目	性质	质量标准		检验方法及器具	施工单位自检结果	启委会验收组抽查结果
				验收结果	合格要求			
47	遥控遥调检查	操作唯一性	主要		应符合要求： 同一时间一个控制级别在操作，其他级别操作应禁止。 同一时间一种控制方式在操作，其他控制方式应禁止。 在一个控制点上进行遥控操作，其他控制点对该被控对象的操作应禁止，包括后台、调度	"操作控制权检查"： （1）操作控制权切换功能检查，调度、监控、测控、就地的操作控制权切换应正确。 （2）控制权切换到远方，站控层操作员工作站控制无效（VQC 设置除外），并告警提示。 （3）控制权切换到站控层，远方控制无效，并告警提示。 （4）控制权切换到就地，站控层操作员工作站控制无效，并告警提示		
48		操作记录	主要		符合要求	提供详细的记录文件，记录操作人员和监护人员姓名、操作对象、操作内容、操作时间、操作结果等信息，截图存档； 操作记录可供就地调阅		
49		监护人措施	主要		符合要求	具有操作监护功能，监护人应事先登录，并应有密码措施，允许监护人员在操作员工作站上实施监护功能，防止误操作； 应具备在一台操作员站操作时在另一台操作员站进行监护的功能		
50		"五防"闭锁	主要		符合要求	监控系统遥控应经过"五防"规则校验，如果不满足"五防"规则，应提出"五防"规则校验结果报告，指出满足及不满足的具体规则，并禁止遥控；如果满足"五防"规则，监控系统下发遥控命令到装置。规则校验提示信息截图		
51	程序化控制测试	顺序控制投退功能	主要		符合要求	具备顺序控制投退功能，可由运行人员投入/退出，而不影响正常运行		
52		程序化控制执行	主要		符合要求	根据工程实际程序化控制功能均能正确执行		
53		不合理操作自动撤销	主要		符合要求	在程序化控制过程中出现异常，应能立即中止，并提示用户继续执行或取消，且不应造成误操作		
54		"五防"校验	主要		符合要求	程序化控制应逐次通过"五防"校验后方可执行		

序号	工序	检验项目	性质	质量标准		检验方法及器具	施工单位自检结果	启委会验收组抽查结果
				验收结果	合格要求			
55	告警功能检查	声光告警	主要		符合要求	1. 模拟产生不同类别告警，监控后台告警应采用不同颜色、不同音响予以区别。 2. 告警一旦确认，声音、闪光即停止		
56		告警确认功能	主要		符合要求	确认方式包括人工确认、自动确认以及延时自动确认。 延时自动确认时间可配置。 告警窗已确认信息与未确认信息应有明显区分		
57		遥测越限告警处理功能（如需要）	主要		符合要求	对每一测量值（包括计算量值），可由用户序列设置四种规定的运行限值（低低限、低限、高限、高高限），分别定义作预告告警和事故告警。四个限值均设有越/复限死区，以避免实测值处于限值附近频繁告警。遥测越限告警的复归处理应有动作值和返回值，应支持每一遥测点均能独立设置。以防止告警/复归在"越限值"附近波动时不断动作		
58		告警窗信息分层、分级、分类处理	主要		符合要求	告警窗可按需分层、分级、分类查询。 根据重要性和对电网运行影响的程度不同，将变电站所有信号分为事故、异常、越限、变位、告知五类。级别分别对应为：事故——1级，异常——2级，越限——3级，变位——4级，告知——5级		
59		事故推画面功能（如需要）				事故告警应有自动推画面功能，应能将具体的间隔画面推出置顶		
60		智能告警：数据辨识合理性检查（如需要）				宜具备以下合理性检查功能： （1）检测母线的有功、无功是否平衡。 （2）检查变压器各侧的有功、无功功率是否平衡。 （3）对于同一量测位置的PQI（有功、无功、电流）匹配性进行检测。 （4）检测并列运行母线电压量测是否一致，母线电压是否越限。 （5）隔离开关并母线情况检测。 （6）检测断路器/隔离开关状态和标志牌信息是否冲突，并提供其合理状态		

序号	工序	检验项目	性质	质量标准		检验方法及器具	施工单位自检结果	启委会验收组抽查结果
				验收结果	合格要求			
61	告警功能检查	智能告警：不良数据检查（如需要）				宜具备以下不良数据检查功能： （1）断路器、隔离开关不对位情况检测。 （2）接地开关状态考核。 （3）电容器量测错误检测。 （4）遥测长时间不更新检测。 （5）主变压器档位、温度、中性点电压不合理检测。 （6）母线相电压、线电压不平衡检测。 （7）三相电流不平衡检测		
62	报表功能检查	报表的调用	主要		包括电量表、各种限值表、运行计划表、操作记录表、系统配置表、系统运行状况统计表、历史记录表和运行参数表等	检查报表类型是否齐整，并依次打开检查数据显示是否正常		
63		历史报表、日报表、月报表	主要		可根据设定的日期检索，报表可转换为Excel格式，并可进行转存	设定某一日期检索，并将报表转存为Excel格式导出，打开Excel表检查显示是否正常		
64		事故顺序记录报表	主要		应具备	检查报表记录是否正常		
65		操作方式选择检查	主要		可选择"自动""手动"操作模式	检查可选择不同模式		
66		控制切换	主要		远方控制可实现遥控/就地自动控制切换	检查具备远方切换功能		
67	电压无功控制功能（可选）	模拟断路器、隔离开关变位	重要		自动判断运行模式	在画面人工置数断路器、隔离开关位置，VQC自动判断运行模式，自动计算可投切的容抗器和可调挡的主变压器		
68		分接头调节时间间隔设置	主要		实现功能	设置分接头调节时间，记录分接头位置发生变化的时间是否一致		
69		无功设备等概率选择控制	主要		自动根据电容器/电抗器投入次数进行选择	记录同一段母线下容抗器不同投入次数下，VQC自动选择投切情况		
70		自动调节方式检查	主要		具备闭环调节、半闭环调节和开环调节方式	检查VQC参数中是否有该参数		
71		将某一主变压器的外部闭锁条件置位，检查主变压器调节是否被VQC闭锁	主要		系统报主变压器闭锁及复归性质（手动或自动复归）	列出主变压器的所有VQC外部闭锁条件，逐一置数检查主变压器闭锁情况		

序号	工序	检验项目	性质	质量标准		检验方法及器具	施工单位自检结果	启委会验收组抽查结果
				验收结果	合格要求			
72	电压无功控制功能（可选）	将某一容抗器的外部闭锁条件置位，检查该电容器调节是否被VQC闭锁	主要		系统报容抗器闭锁及复归性质（手动或自动复归）	列出容抗器的所有VQC外部闭锁条件，逐一置数检查主变压器闭锁情况		
73		操作报告记录检查	主要		调节的正常或异常操作均有操作报告	核对操作报告符合实际动作情况		
74		在界面上单击"日动作信息显示"	主要		界面事件框内显示电容器、电抗器、分接头等动作信息	查看动作信息		
75		闭锁信号上送调度端，并能远方复归	重要		实现功能	与调度主站依次核对各主变压器和容抗器闭锁信号，并能远方复归手动闭锁信号		
76		主变压器和容抗器投退软连接片操作	重要		监控后台及调度端都可遥控操作	监控后台和调度主站依次对各主变压器和容抗器软连接片遥控投退操作		
77		调挡时，电压变化异常时闭锁功能	主要		具备连调3挡，电压无变化时，闭锁相应分接头调节，并可由用户定义电压定值和是否投入该功能；调挡后，电压反向变化时，闭锁相应分接头调节	人工置数使主变压器满足调挡条件，当连调3挡后检查分接头调节是否闭锁。调挡后，反向置数电压，检查分接头调节是否闭锁		
78		压差闭锁功能	主要		主变压器带多段母线时，压差可由用户定义，并可由用户设定是否投入该功能	设定压差闭锁定值，检查主变压器带多段母线时VQC闭锁情况		
79		滑挡闭锁功能	主要		调挡滑挡时，发急停命令，并闭锁相应分接头调节	监控后台做挡位急停遥控操作后，检查VQC的相应主变压器是否闭锁分接头调节		
80		主变压器联调功能	主要		主变压器容量相同时，可进行联调，并可由用户设定是否投入该功能	两台主变压器并列运行时，检查两台主变压器挡位调节是否一致或能保持挡差		
81		具备闭锁逻辑画面	主要		可进行闭锁逻辑查看	打开闭锁逻辑画面，检查闭锁逻辑是否完整正确		
82		VQC定值修改	主要		可由用户通过图形界面进行	根据调试定值单整定定值		
83		判断主接线运行模式的遥信量点号可由用户通过图形界面设定	主要		用户可自己对应相关量在数据库中的点号	对该通信点置数，检查主变压器运行模式是否变化		
84		各区策略检验及出口测试	重要		出口动作情况符合各区动作策略要求	通过人工置数电压无功值，将VQC置于各区，记录实际动作情况，核对是否符合各区动作策略		

序号	工序	检验项目	性质	质量标准		检验方法及器具	施工单位自检结果	启委会验收组抽查结果
				验收结果	合格要求			
85	电压无功控制功能（可选）	拓扑关系测试	重要		母线并列运行时，某一段母线满足 VQC 投切容抗器条件时，另一段母线的容抗器也可投切	人工置数满足策略条件，将一段母线的容抗器全部退出，VQC 应能投切另一段母线上的容抗器		
86	在线计算和记录（可选）	电压合格率	主要		电压合格率计算正确	给出某时段的电压合格范围，通过人工置数（或测试仪输入）模拟电压在一定范围内波动，计算某一时段的电压合格率。电压合格统计功能不使用时可忽略该项		
87		变压器负荷率	主要		变压器负荷率计算正确	选择一遥测点为计算点，根据变压器负荷率公式定义计算公式，通过人工置数（或测试仪输入）模拟变压器负载值变化，计算变压器负荷率。负荷统计功能不使用时可忽略该项		
88		全站负荷率	主要		全站负荷率计算正确	选择一遥测点为计算点，根据全站负荷率公式定义计算公式，通过人工置数（或测试仪输入）模拟全站负荷值变化，计算全站负荷率。负荷统计功能不使用时可忽略该项		
89		电量平衡率	主要		电量平衡率计算正确	选择一遥测点为计算点，根据电量平衡率公式定义计算公式，通过人工置数（或测试仪输入）模拟输入输出电量变化，计算相应电量平衡率电量。统计功能不使用时可忽略该项		
90		主变压器分接头调节次数	主要		统计次数正确	遥控主变压器分接头，记下动作次数，可统计主变压器分接头调节次数		
91		分时电量统计	主要		分时电量统计计算正确	通过计算点定义电量分时统计功能（如先将电量转为遥测量存历史，再用遥测量历史值作为运算量参与计算分时电量）。电量统计功能不使用时可忽略该项		
92		电压、无功、有功日最大、日最小值	主要		电压、无功、有功日最大、日最小值记录正确	通过人工置数（或测试仪）模拟改变电压、有功、无功的量值，在各点的属性中选择日最大、日最小属性，检查是否正确		

序号	工序	检验项目	性质	质量标准		检验方法及器具	施工单位自检结果	启委会组验收抽查结果
				验收结果	合格要求			
93	打印管理（可选）	事故信号自动打印功能	主要		事故信号、SOE 信号自动打印，打印内容正确	模拟事故信号，SOE 信号，检查打印功能。不使用打印功能时该项忽略		
94		遥控操作记录自动打印功能	主要		操作信息自动打印，打印内容正确	进行遥控操作，检查操作后（成功、超时或失败），操作信息的打印功能。不使用打印功能时该项忽略		
95		报表定时打印功能	主要		能够在定义时刻正确打印	在报表画面上设置定时打印时间，检查定时打印功能。不使用打印功能时该项忽略		
96		画面打印功能	主要		画面能够正确打印	在画面菜单上点击打印项，检查打印功能。不使用画面打印功能时该项忽略		
97		告警信号打印	主要		可进行分类召唤打印、自动打印；自动打印可由用户设定是否投入	分类分别打印告警信号。不使用告警打印功能时该项忽略		
98	监控后台（远动、测控、站控层交换机）统一化配置工具	一体化界面	主要		符合要求	工具部署、整体界面布局、工具启动均满足要求		
99		一体化操作功能	主要		符合要求	监控权限、配置实时检查、修改标记、保存、备份、发布、查找、参数检查、在线校核、导出配置参数表、日志、软件版本查看等操作均满足要求		
100		一体化参数	主要		符合要求	厂站参数、二次设备参数、间隔参数、主变压器参数、用户参数、网络节点参数均满足要求		
101		一体化作业流程	主要		符合要求	完整配置流程符合要求		
102	保护信息功能	保护信息召唤功能	主要		正确召唤相应数据	在监控后台的保护管理界面中召唤保护装置的参数、定值、软/硬连接片状态、保护测量等相关信息		
103		远方修改定值功能	主要		下装后相应定值正确修改，撤销后相应定值没有改变	修改保护装置定值并进行下装或撤销操作。不使用远方修改定值功能时该项忽略		
104		远方信号复归功能	主要		装置正确复归	对单个或多个保护装置进行复归操作。不使用远方信号复归功能时该项忽略		
105		故障录波调阅功能	主要		录波数据能被正确查看、打印；录波头文件等信息齐全、正确	对录波数据进行查看、分析、打印等操作		

序号	工序	检验项目	性质	质量标准		检验方法及器具	施工单位自检结果	启委会验收组抽查结果
				验收结果	合格要求			
106	系统自诊断和自恢复	双机切换功能	重要		备服务器在规定时间内（30s 内）切换为主服务器，并信息提示	将主服务器、备服务器启动，模拟主服务器故障（如退出主服务器程序），检查备服务器切换功能及时间		
107		双机切换期间的遥信变位事件正确记录	重要		备机升为主服务器后能记录切换期间的遥信变位事件，不丢失报文	在主、备机切换期间，装置模拟遥信变位，看备机是否能记录该事件		
108		工作站运行告警信号	重要		系统有某操作员工作站退出运行告警信号输出	将某操作站（客户机）退出，检查系统是否有诊断告警信息报警		
109		网络切换期间的遥信变位事件正确记录	重要		B 网升为主网络后能记录网络切换期间的遥信变位事件，不丢失报文	在 A、B 网切换期间，装置模拟遥信变位，看 B 网是否能记录该事件		
110		网络中断告警功能	重要		系统正确报出通信中断信息	在双网通信下，模拟交换机故障（如关闭交换机电源），检查系统通信告警功能，且在通信状态图中有光字指示		
111		设备通信中断告警功能	重要		系统正确报警与间隔层某设备通信中断信息	模拟监控后台与间隔层设备通信中断（如拔装置网线），检查系统通信告警功能		
112		关键进程自动恢复功能	重要		进程能自动恢复，并记录相关信息；或备机自动重启，不丢失试验期间报警、变位信息	手动"杀"掉主机运行的某些进程，如通信、告警、画面显示、定时器、规约服务进程等		
113		系统自恢复功能	重要		系统能自恢复，恢复时间<5min	网络中断或掉电重启，记录系统恢复时间		
114	性能指标验收	动态画面响应时间	重要		≤2s	切换画面，记录动态画面响应时间		
115		画面实时数据刷新周期	重要		画面按正常刷新频率刷新数据	在画面上右键单击鼠标菜单，选择"设置刷新频率"3s 或更小值，模拟一些遥测量变化，检查画面实时数据刷新周期		
116		现场遥信变位到操作员工作站显示所需时间	重要		≤2s	模拟一遥信变位信号，从信号输入开始计时，检查现场遥信变位到操作员工作站显示的时间		
117		现场遥测变化到操作员工作站显示所需时间	重要		≤3s	模拟一遥测变化信号，从信号输入开始计时，检查现场遥测变化到操作员工作站显示的时间		

序号	工序	检验项目	性质	质量标准		检验方法及器具	施工单位自检结果	启委会验收组抽查结果
				验收结果	合格要求			
118		从操作员工作站发出操作指令到现场变位信号返回总响应时间	重要		≤4s	在后台监控上对某一设备进行遥控操作，检查从操作员工作站发出操作执行指令到现场变位信号返回总时间		
119		站内遥控执行成功率	重要		100%	做10次遥控操作，检查遥控执行成功率		
120		网络切换时间	重要		切换时间≤30s	在双网通信下，模拟一网络故障（如关交换机电源），检查网络切换时间		
121		全站SOE分辨率	重要		信号由一台及多台测控装置发出时，均能正确分辨事件，相邻SOE时刻的间隔不大于2ms	检查后台接收到的SOE时标开关量输入变位实际时间吻合		
122	性能指标验收	监控后台机硬盘使用率测试	主要		符合要求	监控后台机按工程配置投入运行，每8h用记录硬盘使用率，连续记录72h，不应出现快速持续增长		
123		监控后台机CPU使用率测试	主要		符合要求	监控后台机按工程配置投入运行，每10min用记录CPU使用率，连续记录2h，不应出现快速持续增长，且最大值不能超过50%		
124		监控后台机内存使用率测试	主要		符合要求	监控后台机按工程配置投入运行，每10min用记录内存使用率，连续记录2h，不应出现快速持续增长，且最大值不能超过70%		
125		监控后台机核心进程运行工况	主要		符合要求	监控后台机按工程配置投入运行，每8h观察前置通信、数据库读写、实时告警等核心进程运行工况，连续记录72h，不应出现快速进程挂起或异常退出		

监理单位验收意见：

启委会验收组验收意见：

合格：_____项

不合格：_____项

缺陷处理情况：

验收单位	质量验收结论	签名		
班组		年	月	日
施工队		年	月	日
项目部		年	月	日
监理		年	月	日
启委会验收组（只对所抽检分项工程签名确认）		年	月	日

6

"五防"机（一体化配置）

6.1 "五防"机（一体化配置）概述

全站应配置一套站控层防误闭锁系统，由"五防"主机、电脑钥匙、锁具三大部分组成，具备全站防止电气误操作闭锁功能，220kV变电站的"五防"工作站应与监控主机合并，500kV变电站可配置独立的"五防"工作站。

计算机监控系统"五防"功能技术要求应满足Q/CSG 110023标准，主要包括：

变电站"五防"系统应由三层构成，分别是站控层"五防"、间隔层测控装置防误以及现场布线式电气闭锁。站控层防误应实现面向全站设备的综合操作闭锁功能；间隔层测控装置防误应实现本单元所控制设备的操作闭锁功能；现场布线式电气闭锁实现对本间隔电动操作的隔离开关和接地开关的防误操作功能，任一层防误功能故障不应影响其他层正常防误功能的实现。

监控系统的所有操作均应经防误闭锁，并有出错告警和判断信息输出，显示闭锁原因。在特殊情况下应能实现一定权限的解除闭锁功能，但禁止全站设备同时解除闭锁。应配备可选择操作对象和面向全站操作对象的解锁工具各一套，确保在紧急情况下对各类锁具进行强制解锁。

间隔层测控装置之间应具备通信功能，以实现跨间隔的防误闭锁功能，且不依赖于站控层设备。测控装置闭锁逻辑所需的信号应能由相关测控装置准确快速提供，并充分考虑通信中断及逻辑关联测控装置检修时防误功能的安全实现。测控装置宜具备远方解除闭锁逻辑能力。

站控层防误系统即"五防"系统，应满足如下基本功能要求：强制运行人员的控制操作遵照既定的安全操作程序和"五防"闭锁逻辑，先开票、模拟预演，而后对电气设备进行操作，避免由于操作顺序不当而引起各种电气设备的误操作，实现"五防"要求［防止误拉合开关；防止带负荷拉合隔离开关；防止误入带电间隔；防止带电挂地线（合接地开关）；防止带电接地线（或接地开关）合断路器、隔离开关］。

一体化"五防"系统采用与监控系统一体化模式，指在逻辑意义上一体化"五防"系统与监控系统融为一体，具体要求如下：

一体化"五防"系统与监控系统具有统一的数据总线，"五防"模块与监控系统的其他应用模块应从同一个实时库获得数据；

一体化"五防"系统与监控系统具有统一的数据库组态，"五防"数据直接从监控系统数据中挑选测点，编辑"五防"属性，如合分规则、操作术语等；

一体化"五防"系统与监控系统具有统一的画面编辑，可以直接采用监控系统的画面作为"五防"的画面，不用重新制作；

一体化"五防"系统与间隔层联锁共享"五防"规则库，但各自独立完成相应闭锁功能，系统应具备检查两层防误闭锁规则是否一致的功能；

一体化"五防"工作站应能实现与操作员站切换/互为备用功能，具备完善的自诊断和自恢复功能。

220kV 变电站计算机监控系统典型结构（含"五防"机）如图 6-1 所示。

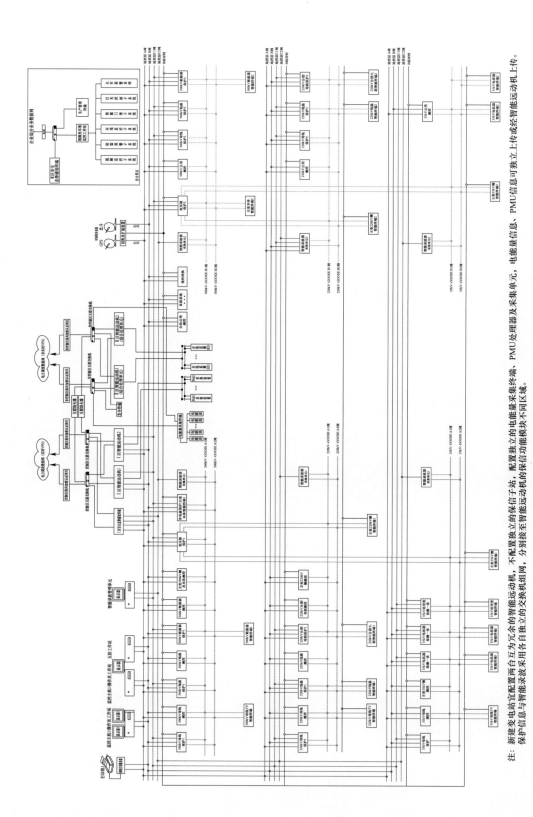

注：新建变电站宜配置两台互为冗余的智能远动机，不配置独立的保信子站，配置独立的电能量采集单元、PMU处理器及采集终端、PMU信息可独立上传或经智能远动机上传。电能量信息、PMU信息可独立上传或经智能远动机上传。保护信息与智能承波采用各自独立的交换机组网，分别接至智能远动机，分别接至智能远动机组网，保护信息与智能承波采用各自独立的交换机组网，分别接至智能远动机组网，分别接至智能远动机组网，分别接至智能远动机组网，保护信息功能模块不同区域。

图 6-1 220kV 变电站计算机监控系统典型结构（含"五防"机）

6.2 "五防"机（一体化配置）工程质量验收记录表

"五防"机（一体化配置）工程质量验收记录表见表6-1。

表6-1　　　　　　　"五防"机（一体化配置）工程质量验收记录表

计算机厂家及型号			计算机操作系统及版本					
"五防"系统厂家			"五防"系统版本					
电脑钥匙数量								

序号	工序	检验项目	性质	质量标准		检验方法及器具	施工单位自检结果	启委会验收组抽查结果
				验收结果	合格要求			
1	资料检查	出厂试验报告、合格证、设备技术资料、说明书等	主要		应完整	查阅、记录，监理工程师签字确认并保存		
					具备预验收报告			
					具备工厂验收报告			
		型式试验报告	主要		应具备			
		装箱记录、开箱记录	主要		应具备			
2	主机外观配置检查	设备外观	主要		无破损、无缺漏	查看、对比资料		
		装置硬件配置检查	主要		设备型号、外观、数量需满足项目合同所列的设备清单	检查设备型号、外观、数量，核对是否满足项目合同所列的设备清单		
		主机标识检查	重要		包含IP地址、机器名、厂商服务编号等	检查标识		
		装置安装质量	主要		安装牢固	检查电源、数据线缆是否安装牢固		
		网络接线	主要		准确	网口、网线标签标识清晰；按图纸接入对应站控层交换机相关网口。防护跨区互联检查：核查是否有同时用网线连接不同安全分区的情况。与站控层设备通信正常（可结合实际功能验收开展）		
		接口封堵	重要		机器前后USB接口、多余网口均采用措施可靠封堵	检查USB接口		
3	工作电源检查	工作电源检查	主要		与设计一致，符合相关标准	查看电源回路，测量工作电压，站用交流失压时机器不掉电		

续表

序号	工序	检验项目	性质	质量标准		检验方法及器具	施工单位自检结果	启委会验收组抽查结果
				验收结果	合格要求			
4	外部连线标识检查	外部连线标识检查	主要		电源线、网线、串口线、视频线等走向标示正确、清晰	检查标识		
5	设备状况,防尘、散热情况检查	设备状况,防尘、散热情况检查	主要		通风散热良好,带防尘网,设备稳定运行	检查设备防尘散热措施		
6	外围设备运行工况检查	外设运行检查	主要		齐全、准确	键盘、鼠标、显示器、音箱运行正常、标签标识准确		
7	计算机硬件配置、操作系统、应用软件及监控系统版本检查	硬件内部配置检查	重要		与技术协议一致	查看硬件配置并核对		
		软件版本号及运行状态检查	重要		监控软件版本与系统运行部下发的版本要求一致,运行正常	查看软件版本信息,核对并记录,监控系统运行正常流畅		
		操作系统版本及运行状态检查	主要		操作系统版本与系统运行部下发的版本要求一致,运行正常,驱动程序安装完整,满足电力监控系统网络安全最新要求	查看系统版本信息,核对并记录,操作系统运行正常流畅非Windows系统还需记录操作系统内核版本		
		应用软件运行检查	主要		与技术协议一致(商业数据库、调试软件等)	打开各应用软件均运行正常,数据库软件应记录数据库型号与版本		
8	计算机安全加固检查	操作系统用户与权限配置	主要		符合要求	1. 使用命令查看用户清单: cat/etc/passwd。 2. 使用命令查看用户组: cat/etc/group。 3. 应按照最小化配置原则配置用户,非必要用户应: (1) 删除或停用操作系统、中间件、数据库中的缺省账号以及无效账号,保障 Windows 无 administrator、guest 用户模式运行,Linux/Unix 无 root 用户模式运行; (2) 删除或停用业务系统的无效账号; (3) 按最小化原则,合理配置账号及相关参数,严格管理各类账号的权限,关闭权限自动提升功能。 4. 所有用户密码统一按班组要求进行整定,不得采用原始密码		

续表

序号	工序	检验项目	性质	质量标准		检验方法及器具	施工单位自检结果	启委会验收组抽查结果
				验收结果	合格要求			
8	计算机安全加固检查	监控后台用户与权限配置	主要		符合要求	通过监控后台用户配置程序检查用户清单、用户所在组、用户组权限是否满足以下要求：1. 用户组配置合理，维护人员权限、运行人员权限、审计人员权限隔离。2. 应删除监控后台默认账号或者修改其原始密码。3. 应配置"自动化班"账户，权限为维护人员（含画面、数据库等常规维护权限，应不包含操作、监护权限）。对应密码按照班组要求进行整定。4. 按照运行人员提供名单配置，应只具备操作、监护、置数、挂牌等常规权限，原则上不应配置维护权限		
		密码安全性检查	重要		操作系统登录密码和监控系统用户登录密码，必须满足至少8位，且包含数字、字母或特殊符号的组合，用户名和口令不得相同	登录所有用户测试		
		操作系统默认启动账户			符合要求	应设置操作系统默认启动账户为配置好相关权限的账户。若不能满足要求应于显示器上下方粘贴指引提示（如 CentOS 开机默认账号为 sznari，但需要手动输入 root 账户登录方可开启监控后台系统）		
		封堵端口	重要		封堵高危端口服务	根据南网要求及厂家答复南网的加固说明，封堵高危端口及高危服务		
		操作系统补丁	重要		根据南网要求，对存在漏洞的操作系统版本安装补丁加固。1. 清除无用的硬件、软件和文件：（1）排查在运系统，退出没有运行价值的系统及设备；（2）按最小安装原则，卸载与生产业务无关的软件，尤其是具有自动监听或定期对外发送报文行为的无关软件；	安装补丁、清理进程、检查服务		

序号	工序	检验项目	性质	质量标准		检验方法及器具	施工单位自检结果	启委会验收组抽查结果
				验收结果	合格要求			
8	计算机安全加固检查	操作系统补丁	重要		（3）逐一检查持续运行或周期运行的进程，及时清除用于调试、测试等与正常运行无关的进程； （4）自动清理保存超过 6 个月且无价值的日志文件等。 2. 关闭不必要的网络服务： （1）禁止开启与监控系统无关的服务，禁止开启无关的服务，禁用或关闭 E-Mail、Web、FTP、telnet、rlogin、NetBIOS、DHCP、SNMPV3 以下版本、SMB 等通用网络服务或功能； （2）网络设备、安全设备禁用 TCP SMALL SERVERS、UDP SMALL SERVERS、Finger、HTTP SERVER、BOOTP SERVER、DNS 查询等不必要的公网服务或功能； （3）关闭业务系统不使用的私有网络监听端口； （4）消除业务系统或功能设计缺陷，取消无价值的网络通信行为（例如定期 ping 网关）； （5）关闭防病毒软件、输入法等应用软件的互联网更新服务			
9	一体化"五防"配置	数据库一体化	主要		符合要求	一体化"五防"系统与监控系统具有统一的数据总线，"五防"模块与监控系统的其他应用模块应从同一个实时库获得数据。 一体化"五防"系统与监控系统具有统一的数据库组态，"五防"数据直接从监控系统数据中挑选测点，编辑"五防"属性，如合分规则、操作术语等。 一体化"五防"系统与监控系统具有统一的画面编辑，可以直接采用监控系统的画面作为"五防"的画面，不用重新制作		

序号	工序	检验项目	性质	质量标准		检验方法及器具	施工单位自检结果	启委会验收组抽查结果
				验收结果	合格要求			
9	一体化"五防"配置	站控层、间隔层"五防"规则共享	主要		符合要求	一体化"五防"系统与间隔层联锁共享"五防"规则库，但各自独立完成相应闭锁功能；系统应具备检查两层防误闭锁规则是否一致的功能		
		"五防"解锁	主要		符合要求	在特殊情况下应能实现一定权限的解除闭锁功能，禁止全站设备同时解除闭锁。记录权限解除方式		
		遥控"五防"	主要		符合要求	监控系统遥控应经过"五防"规则校验，如果不满足"五防"规则，应提出"五防"规则校验结果报告，指出满足及不满足的具体规则，并禁止遥控；如果满足"五防"规则，监控系统下发遥控命令到装置。规则校验提示信息截图		
		操作票	主要		符合要求	可根据运行要求完成操作票的生成、编辑、预演、打印、执行、记录和管理		
		模拟操作	主要		符合要求	应能提供电气一次系统及二次系统有关布置、接线、运行、维护及电气操作前的预演；支持手动和自动化预演方式		
		多任务执行	主要		符合要求	系统应支持多个没有逻辑关系的操作任务同时执行		
10	"五防"通信与界面检查	一次接线绘制	主要		符合要求	应与监控后台、实际一次接线一致，对位正常		
		与后台 AB 机通信情况	主要		符合要求	检查网线连接、使用 PING 命令确认通信正常		
		操作票传输（监控后台）	主要		符合要求	后台 AB 机均可及时、正确弹出对应操作确认窗口		
		操作票传输（"五防"钥匙）	主要		符合要求	传输内容准确		
11	"五防"逻辑与操作票检查	遥控操作界面及功能检查	主要		符合要求	遥控操作界面应满足南方电网变电站自动化系统人机界面规范		
		在满足"五防"闭锁条件下进行操作	主要		符合要求	操作成功率达 100%，时间满足技术指标		
		任意改变其中一相关开关量状态，在违反"五防"闭锁条件下进行相关操作	主要		符合要求	相关操作被闭锁，面板显示被闭锁条件		
		出错报警和拒绝执行原因	主要		符合要求	所有操作具备出错报警和拒绝执行原因信息输出功能		

续表

序号	工序	检验项目	性质	验收结果	合格要求	检验方法及器具	施工单位自检结果	启委会验收组抽查结果
11	"五防"逻辑与操作票检查	操作记录	主要		符合要求	所有遥控操作步骤应有详细操作记录		
		"五防"子系统界面及功能检查	主要		符合要求	"五防"子系统界面、菜单及工具栏应满足南方电网变电站自动化系统人机界面规范		
		操作票开票、执行、传票、回传等功能测试	主要		符合要求	应能实现完整的开票流程并正确执行操作票内容		
		操作票预演	主要		符合要求	操作票具备预演功能,在模拟图上进行预演操作,可手动单步预演和自动预演,预演结果与操作无关联		
		操作票管理	主要		符合要求	应满足南方电网变电站自动化系统人机界面规范		
		挂牌功能	主要		符合要求	界面应满足南方电网变电站自动化系统人机界面规范,挂牌分主画面一致,根据挂牌性质满足信息屏蔽要求		
12	画面及图元编辑功能检查	"五防"窗口画面检查	主要		"五防"画面与监控系统画面使用同一画面,采用分层显示区分、同步修改,不含遥测量,地桩、挂锁等锁具数量与现场实际一致,能用右键在监控主接线图和"五防"主接线图切换	与监控主接线图核对画面布局,核对锁具数量,切换画面		
		在线增加和删除动态数据	主要		具备功能,且实时生效,无需重启后台或前置进程	在线修改内容保存后实时更新		
13		便捷性操作检查	主要		电脑钥匙应具有口令设置、试听语音、调节液晶对比度、背光、电池电量显示、锁编码检查、对时,以及记录、浏览、重复、中止当前操作等功能	装置功能检查		
14	"五防"锁具检查	通信功能检查	主要		电脑钥匙与电脑的通信应可靠、灵活、快捷,每套电脑钥匙应通过多通信接口、转换开关、网络接口等形式实现与两台主机的通信	与"五防"主机配合进行通信能力检查		
15		处理能力检查	主要		电脑钥匙与锁具应顺畅配合,无卡涩现象,保证能在符合条件时顺利开锁,单次开锁成功率不小于99%,每张操作票向电脑钥匙传票时间应小于5s(50项操作任务内)	进行传票测试;进行不少于20次开锁测试		

序号	工序	检验项目	性质	质量标准		检验方法及器具	施工单位自检结果	启委会验收组抽查结果
				验收结果	合格要求			
16	"五防"锁具检查	数据保持能力检查	主要		电脑钥匙的电池宜采用便拆卸结构,并能提供备用电池和充电座。关闭电源及更换电池时,电脑钥匙记忆存储的操作票信息不丢失	关机检查数据记忆能力		
17		自检能力检查	主要		电脑钥匙应具备自动验证实际开锁功能(如通过检测回路电流、电脑钥匙机械按钮接触等)	装置检查		

监理单位验收意见:

启委会验收组验收意见:

合格：_____项
不合格：_____项

缺陷处理情况:

验收单位	质量验收结论	签名		
班组		年	月	日
施工队		年	月	日
项目部		年	月	日
监理		年	月	日
启委会验收组 （只对所抽检分项工程签名确认）		年	月	日

7 智 能 远 动 机

7.1 智能远动机概述

智能远动机作为厂站端数据综合采集、数据处理及数据交换的通信设备，满足了电网调度一体化建设和运行的需求，进一步提高了电网调度的自动化、信息化和互动化水平。智能远动机能够统一采集变电站内各专业的数据，作为变电站的统一数据基础平台，整合远动、保信、计量、在线监测及 PMU 五大业务数据，本章主要对其中的远动业务的验收质量标准做出相关要求，其他业务由对应的章节做出详细验收的要求。智能远动机系统结构示意图如图 7-1 所示。

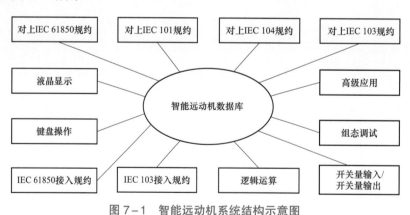

图 7-1 智能远动机系统结构示意图

主要功能：① 数据库子系统，负责保存由对下规约采集到的数据和对上规约下发的部分控制数据，通信装置的所有数据都将保存在数据库中。② 对上规约子系统，负责与主站通信，包括与 IEC 61850/103 主站通信，建立全站的 IEC 61850/103 模型或者通过 IEC 101、IEC 104、CDT、DNP 等对上规约与主站进行通信。响应主站的数据问答请求，并处理主站下发的控制命令。③ 对下接入规约子系统，负责与站内装置通信，包括对下连接 IEC 61850/103 装置及 MODBUS、IEC 102 等小规约通信的装置。④ 逻辑子系统，负责复合信号的编辑和解析、遥控闭锁逻辑等逻辑运算。⑤ 高级应用子系统，根据需求实现部分高级应用的功能，如源端维护、告警直传等实时提供变电站运行决策。⑥ 开关量输入/开关量输出子系统，负责采集装置的开关量输入状态，并负责根据装置的状态信息设置开关量输出量的值。⑦ 人机界面子系统，负责人机交互管理，实现通过指示灯、液晶显示、键盘操作、外部组态调试工具来完成的运行状态监视、通信报文监视、参数设置、工程配置、诊断分析等人机交互功能。

参考远动系统的应用及功能，验收标准的编写主要从以下几个方面展开：首先，屏柜和设备的安装、配套的二次回路设计及施工工艺、相关的图纸资料、维护工具以及所需的各类标签标识等是否符合相关的规范和现场的运维需求，这些项目的验收质量对后期的运维和管理工作有一个很好的提升效能作用，如标识中的远动通道走向图，正确完善的通道标识在通道故障类缺陷的消缺工作中可以大大缩短班组人员排查故障的时间。其次，对设备自身的功能性检查，如权限把手、软件程序版本、装置工况指示、对时功能、相关的规约配置等无需与调度主站进行调试的验收项目。再次，远动通道投入使用后进行的与各级调度的通信检查项目和远动传输数据测试验收项目，以及远动的双机切换等需要与各级调度主站进行调试的验收项目，这是验收各个项目的重中之重，也是远动验收项目相对耗时的项目，验收过程中的"四遥"验收部分，各级调度均有独立的验收点表表格，需在验收后签字留档保存。最后，对远动机的高级应用功能验收，如源端维护功能、AVC 控制防误功能、告警直传等高级应用。各高级应用模块在与主站端进行调试时均应有详细的实施方案，如 AVC 控制防误功能在现场配置时应以现场方案的防误策略进行验收，告警直传的告警信号标准化需以应用工作方案为准等。智能远动机验收思维导图如图 7-2 所示。

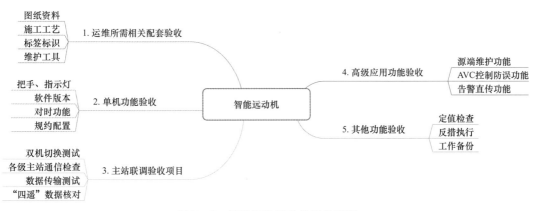

图 7-2　智能远动机验收思维导图

智能化变电站包含了信息及设备的智能化、应用互动化、平台网络化等显著特征，随着智能变电站的大规模推广，智能远动机成了其中很关键的变电设施，相比传统的远动机具备更加智能化的优势。同时，作为二次一体化建设的核心设备，其运行可靠性、数据时效性以及与主站的互动贯通功能等关键指标均有显著提升。通过智能远动机这个综合利用各项数据和各类信息的新互动平台,对相应的专业信息进行灵活整合,可以实现更高层次的灵活性和实效性。

7.2 智能远动机工程质量验收记录表

智能远动机工程质量验收记录表见表 7-1。

表 7-1 智能远动机工程质量验收记录表

产品型号						制造厂家			
程序版本						安装位置			
序号	工序	检验项目	性质	质量标准		检验方法及器具	施工单位自检结果	启委会验收组抽查结果	
				验收结果	合格要求				
1	资料检查	出厂试验报告、合格证、图纸资料、技术说明书;型式试验报告;装箱记录、开箱记录	主要		应完整、齐全,具备预验收报告、工厂验收报告	查阅、记录,监理工程师签字确认并保存			
2	维护工具	统一配置工具	主要		应具备	检查维护工具配置			
3	装置外观及接线检查	装置硬件配置检查	重要		设备型号、外观、数量需满足项目合同所列的设备清单,包括协议转换器、避雷器、调制解调器、同轴电缆等附属设备;配置应满足各级调度调控一体化主调、备调接入要求,具备冗余通道,确保调度端设备集中监视和控制可靠	检查设备型号、外观、数量,核对是否满足项目合同所列的设备清单,相关附件是否齐全			
4		装置安装质量	主要		智能远动机独立组屏,安装牢固,与一、二次地网可靠连接	检查紧固螺栓、承重板及屏柜接地铜排与一、二次地网的连接			
5		装置外观、按键、显示	重要		外观清洁无破损,按键操作灵活、正确,液晶显示清晰、亮度正常,标示清晰、正确	检查装置外观、按键			
6		装置标识检查	重要		包含 IP 地址、网关地址、通道标识、机器名等	检查标识,通道标识见表 7-2			
7		装置外部接线及沿电缆敷设路径上的电缆标号检查	主要		端子排的螺栓应紧固可靠,无严重灰尘、无放电痕迹;接线应与图纸资料吻合;电缆标示应正确、完整、清晰	检查端子排、接线、电缆标示			

续表

序号	工序	检验项目	性质	质量标准		检验方法及器具	施工单位自检结果	启委会验收组抽查结果
				验收结果	合格要求			
8	装置外观及接线检查	双通道硬件配置检查	主要		主、备模拟通道调制解调器电源模块各自独立；主、备数字通道切换装置电源模块各自独立	检查主备通道，核对是否分别接至不同调制解调器；关闭调制解调器、通道切换装置任一工作电源，检查设备是否正常工作		
9		装置把手检查	主要		把手切换后，控制权限与实际一致，告警信息正确；接线端子紧固	检查把手的标识是否正确和清晰；切换把手；检查接线端子紧固性		
10	接地检查	装置接地检查	主要		逻辑地（逻辑地、通信信号地）应接于二次铜排	检查二次铜排所接设备		
11			主要		常规地（设备外壳、屏蔽层、电源接地等）应接于一次铜排	检查一次铜排所接设备		
12	工作电源检查	供电电源检查	主要		智能远动机、通道设备、冗余配置的设备，应配置两路取自不同直流母线段的直流电源，对于配置双电源模块的单装置，其双电源模块应取自同一路直流电源。双机冗余配置的单电源设备，各机电源必须来自不同段直流母线。各路电源配置独立空开	检查直流供电		
13		供电回路检查	主要		电源电缆带屏蔽层，无寄生回路，标示清晰，各回路对地及回路之间的绝缘阻值均应不小于5MΩ	检查电源电缆规格型号，采用500V绝缘电阻表，测试回路对地及回路间的绝缘电阻，电源空开选型及标识正确		
14	抗干扰措施的检查	检查装置外壳接地电阻值	主要		装置外壳与接地母线铜排的电阻值应为零	用万用表测量装置外壳与接地母线铜排的电阻值		
15		检查防雷装置接地线电阻值	主要		通道防雷接地线与接地铜排的电阻值应为零	用万用表测量通道防雷接地线与接地铜排的电阻值		
16		检查防雷	主要		通道防雷安装牢固，接线正确，无损坏；可配置电源防雷，防雷装置应具备故障指示	检查接线正确，无损坏		

序号	工序	检验项目	性质	质量标准		检验方法及器具	施工单位自检结果	启委会验收组抽查结果
				验收结果	合格要求			
17	程序软件检查	程序的版本检查	重要		版本符合系统运行部下发的版本要求	查看装置程序版本		
18		操作系统版本检查	重要		操作系统版本与系统运行部下发的版本要求一致,运行正常,驱动程序安装完整,满足电力监控系统网络安全最新要求	查看系统版本信息,核对并记录,操作系统运行正常流畅,非 Windows 系统还需记录操作系统内核版本(非工控机型装置此项忽略)		
19		数据库软件运行检查	主要		商业数据库版本符合反措要求	打开各应用软件均运行正常,并记录数据库软件型号及版本(非工控机型装置此项忽略)		
20		检查看门狗软件	主要		进程能自动恢复,并记录相关信息	人工停止关键进程(无看门狗可忽略该项)		
21		检测配置维护软件	主要		有专用维护软件,能正确上装、下装智能远动机的配置程序,能查看各通道的实时数据及上、下行报文	打开配置维护软件测试功能		
22	地址检查	检查装置地址	主要		装置地址设置正确	查看装置地址设置		
23	校时测试	检查对时功能	主要		装置对时误差应小于 1ms	检查装置与同步时钟已对时正确		
24	运行工况指示检查	装置面板及运行指示灯检查	主要		面板及各指示灯显示与说明书一致,符合技术协议要求	根据装置说明书核对装置液晶屏显示及各指示灯工作状况		
25		事件记录功能	主要		远动机应有历史事件记录和操作记录	查看装置液晶菜单或使用配置工具查看		
26	远动规约及配置检查	检查远动通信规约的种类	主要		符合技术协议,满足现场实际设备的接入要求	智能远动机支持的规约与技术协议进行比对		
27		检查远动规约版本的正确性	主要		满足 Q/CSG 110007—2012、Q/CSG 110006—2012 的相关要求	检查智能远动机支持的各规约版本		
28		优先级检查	主要		满足南网远动协议实施细则中关于优先级的定义	核对远动机优先级设置		

序号	工序	检验项目	性质	质量标准		检验方法及器具	施工单位自检结果	启委会验收组抽查结果
				验收结果	合格要求			
29	远动规约及配置检查	冗余设置检查	主要		（1）远动机双机推荐配置对调度双主、对下双主模式。 （2）冗余链路间需要进行 SOE 同步，链路重建时清除 COS 缓存，SOE 不清除。如不具备链路间 SOE 同步能力，应配置为清除 COS 缓存，清除 SOE 缓存。原则上冗余链路、冗余装置切换过程中信号不丢、不重、不误。 （3）远动对下重启后需要等待"四遥"数据对下采集正常，推荐等待 180s 后再响应主站建立链路请求，可根据实际情况调整等待时间，但从重启到建立链路应原则上不超过 5min	登录智能远动机，检查配置		
30		装置启动检查	重要		智能远动机启动在数据采集完整前暂时屏蔽上送各级调度，无异常信号上送	重启智能远动机		
31		远动机自恢复检查	主要		网络中断或掉电重启，远动机自恢复，恢复时间小于 5min	重启智能远动机		
32	装置重启及双机切换测试	双机切换检查	重要		智能远动机备机在规定时间内（30s 内）切换为主机，双机运行不出现抢主现象，不丢失报文，单机运行时各通信链路正常，运行主智能远动机双网故障后应能在 3min 内自动切换	进行主备切换		
33		复位备机，主机链路检查	主要		主机链路不能中断，双机双主模式运行时该项忽略	复位备机		
34		复位一台远动机，所有链路应切换至另一台远动机	主要		所有链路不能中断，双机主备模式运行时该项忽略	复位远动机		

续表

序号	工序	检验项目	性质	质量标准		检验方法及器具	施工单位自检结果	启委会验收组抽查结果
				验收结果	合格要求			
35	数据传输测试	遥测数据传送越死区功能检查	主要		按调度要求合理设置死区值;遥测数据越死区功能正常,遥测数据越死区传送时,死区值比较应以上一次已传送数据为准	检查智能远动机配置,网调直采厂站:(1)AGC 关口量测(P/Q/I)死区设置为 0;如果设备不支持死区设置为 0,设置为最小值。(2)500kV、35kV 母线电压、频率死区设置为 0;如果设备不支持死区设置为 0,设置为最小值。(3)其他量测(P/Q/I)≤0.2%。(4)死区设置优先在测控装置上实现,可以在远动机上实现		
36		遥测数据过载能力	重要		线路测控装置 2 倍范围内输入时,遥测数据过载能正确反映,无归零、无翻转,且品质因数应为有效,无溢出;遥测值若以整型数据上送,超过 2 倍范围时,品质因数无效,且置溢出标志位	模拟传送超过正、负满度值的试验遥测量		
37		遥测数据转发要求	重要		厂站应向调度机构实时上送电容器、电抗器无功遥测数据,在投入状态下,上送的电容器无功遥测数据为正值,电抗器无功遥测数据为负值,挡位遥测数据类型为十进制正整数	模拟设备投入时的试验遥测量与主站核对数据		
38	数据传输测试	远动数据品质	重要		当智能远动机数据采集异常(网络中断或退出测控单元),传送主站数据保留原值并带无效标志位/错误(现场验收:品质位变化的上送方式应符合现场要求)	关闭任一台测控装置,检查智能远动机上送调度的该测控装置采集信息的品质位		
39	合并信号测试	检查装置合并信号功能	主要		合并信号能正确动作,合并信号 SOE 时间动作应与最先动作分量一致,复归应与最后复归分量一致	模拟合并信号相关分量信号动作、复归		

序号	工序	检验项目	性质	质量标准		检验方法及器具	施工单位自检结果	启委会验收组抽查结果
				验收结果	合格要求			
40	各级主站通信检查	与各级主站的通道运行情况	主要		通道运行正常	与各级调度核对数据，检查通信报文		
41		检查与各级主站通信配置检查	主要		通道参数配置正确，应与调度机构下发地址一致，各远传通道规约配置信息满足 Q/CSG 110007—2012、Q/CSG 11006—2012 的相关要求	登录智能远动机，检查配置		
42		检查至各级主站的每张转发表参数配置	主要		转发配置正确	核对各级调度转发表		
43		双通道切换遥信缓存功能检查	重要		通道切换前，发生的变化遥信上送调度不漏发、不多发；通道切换过程中，发生的变化遥信上送调度不漏发、不多发	切换通道（含远动机重启等装置原因通道切换和远动机正常运行时外部原因通道切换）		
44		远方遥控功能检查	重要		远动机调度遥控把手切换为本站时，能正确屏蔽远方调度遥控命令；应具备对调度主站下行控制指令的认证措施，对来源于主站的控制命令和参数设置指令采取安全鉴别和数据完整性验证措施，避免非法窃取和篡改	远动机调度遥控把手切换为本站时正确屏蔽远方遥控命令		
45		通道质量检查	主要		模拟通道电平正常，中心频率与波特率匹配，通道误码率小于 10^{-5}	使用万用表测量模拟通道电平和频率；用通信误码率测试仪检测通道误码（广东省中调模拟通道参考值为：中心频率 1700Hz、频偏±400Hz、波特率 1200bit/s）		
46	"四遥"数据传输测试	遥信基本测试	主要		遥信光字牌及报文正确，SOE 时标正确；遥信响应时间满足要求（从遥信变位至智能远动机向远方调度发出报文的延迟时间不大于 4s）；信息完整性满足调控一体化信息采集规范要求	依照遥信转发表逐一做信号核对，并记录"四遥"验收表（见表 7-3）		

续表

序号	工序	检验项目	性质	质量标准		检验方法及器具	施工单位自检结果	启委会验收组抽查结果
				验收结果	合格要求			
47	"四遥"数据传输测试	遥测基本测试	主要		遥测值正确,带时标的变化遥测时标正确;遥测刷新时间满足要求(从遥测量越死区至智能远动机向远方调度发出报文的延迟时间不大于4s);信息完整性满足调控一体化信息采集规范要求	依照遥测转发表逐一加电气量核对,并记录"四遥"验收表(见表7-3)		
48		遥控基本测试	主要		遥控执行成功率为100%	远动工作站与主站正常通信,接收主站遥控命令,再向测控转发遥控命令,检查测控装置面板,是否有遥控记录,出口板是否有出口,并记录"四遥"验收表(见表7-3)		
49		遥调基本测试	主要		遥调执行成功率为100%	远动工作站与主站正常通信,接收主站遥调命令,再向装置转发遥调命令,检查对应装置面板,有遥调记录,遥调结果正确,并记录1"四遥"验收表(见表7-3)		
50		断路器事故跳闸总信号合成、延时自动复归功能测试	重要		断路器事故跳闸总信号动作后在规定时间内自动复归	检查事断路器事故跳闸总信号合成设置,应以一个遥信信号方式上送调度;断路器事故跳闸总信号应采用本厂站各电压等级设备的所有保护跳闸信号(瞬动硬触点)合并(逻辑或)而成,不能漏选、错选;断路器事故跳闸总信号应优先采用远动机软件合成,也可以采用硬触点方式合成;断路器事故跳闸总信号动作的SOE时间取分量中第一个动作信号的SOE时间;断路器事故跳闸总信号可设置自动复归,复归时间可设定,原则上设置为15s		
51	源端维护功能	CIM模型完成制作	主要		检查CIM模型完整性,厂站名、厂站编码、量测子类型设置及关联正确,信号描述符合规范	CIM模型根据SCD模型制作生成,设备信息完整,所有信号的描述名严格遵守《南方电网调控一体化设备监视信息及告警设置规范》		
52		规约配置检查	主要		规约参数配置正确,厂站名称、调度机构名称、通道名称应与调度主站一致,规约配置信息满足规范要求	登录智能远动机,检查配置		

序号	工序	检验项目	性质	质量标准		检验方法及器具	施工单位自检结果	启委会验收组抽查结果
				验收结果	合格要求			
53	源端维护功能	SVG 文件检查	主要		一次接线图、间隔分图及格式符合主站要求,主接线图与调度编号图完全一致,所有的测点信息和遥控点信息全部体现在主接线图上	主站导入 SVG,检查画面测点与 SCADA 条数据库关联正确性		
54		调度主站 CIM、SVG 文件召唤	主要		CIM 和 SVG 文件,及其生成的 VER 版本信息正确,调度主站根据 VER 文件正确判断是否召唤 CIM 和 SVG 文件,召唤过程如有异常应能告警	调度主站先召唤 SVG 文件,再根据 VER 内容召唤 CIM、SVG 文件,通过智能远动机维护软件或液晶界面查看过程及相关信息		
55		接收调度主站 MAP 文件	主要		MAP 文件校验正确,不正确应能上送失败信息;主站下发 MAP 文件后,远动机需正确接收并解析出点表	在调度主站下发 MAP 文件,智能远动机进行正确性校验,通过智能远动机维护工具或液晶界面查看过程及相关信息		
56		MAP 文件自动同步及初始化	主要		同一调度多个通道的转发表自动化同步及初始化正确	通过智能远动机维护工具调取同一调度不同通道下的转发表进行核对		
57	AVC 控制防误功能	AVC 控制防误功能连接片	主要		AVC 控制防误功能连接片配置正确,能实现全站或各间隔 AVC 功能投退	1. 应配置站级 AVC 控制防误功能连接片,支持通过连接片投入、退出智能远动机全站 AVC 控制防误功能。2. 应配置间隔级 AVC 控制防误功能连接片,支持通过连接片投入、退出相应间隔的 AVC 控制防误功能。3. 站级、间隔级 AVC 控制防误功能连接片均为虚拟遥信量,支持地调通过相应的虚拟遥控量进行投切操作,网省级调度不配置 AVC 控制防误功能连接片的远方遥控。4. 站级、间隔级 AVC 控制防误功能连接片同时投入时,智能远动机对相应间隔的开关控制命令进行防误闭锁条件判断		
58		AVC 控制防误信号同步	主要		智能远动机双机配置时(双主或主备运行模式)应具备 AVC 控制防误数据同步功能,保证双机数据库的一致性,同步调度端控制的信息状态	通过智能远动机维护工具调取数据进行核对		

序号	工序	检验项目	性质	质量标准		检验方法及器具	施工单位自检结果	启委会验收组抽查结果
				验收结果	合格要求			
59	AVC 控制防误功能	AVC 控制防误信号监视	主要		AVC 控制防误功能相关信号应上送各级调度及当地监控后台机	AVC 控制防误功能连接片状态、互斥闭锁、电压越限闭锁、操作提示等相关信号能上送至对应的调度和当地监控后台机		
60		AVC 控制防误策略检查	主要		AVC 控制防误策略满足电容电抗器间互斥闭锁、母线电压越限闭锁、连续操作闭锁、检修闭锁及其他情况下需要闭锁的要求	登录智能远动机，检查AVC 防误策略配置		
61	AVC 控制防误功能	AVC 控制防误闭锁功能	主要		验证闭锁功能，闭锁逻辑满足防误策略要求。智能远动机应对调度下发 AVC 调节控制命令的合理性、正确性进行判断，闭锁异常操作命令	在子站站端逐个模拟闭锁条件，主站端下发控制命令，闭锁正确判断不执行控制命令；符合执行条件，应正确执行控制命令。检查闭锁条件是否存在误闭锁信号		
62		AVC 控制防误生效范围	主要		智能远动机 AVC 控制防误功能应仅对来自 AVC 调度主站的遥控指令进行逻辑判断，并且应对该调度的所有通道同时生效	对各个调度的所有通道、厂站监控后台机进行遥控验证，只有来自 AVC 调度主站的遥控命令经 AVC 防误闭锁		
63		与主站的通道配置及运行情况	主要		通道运行正常；通道参数配置正确，通道规约配置信息满足 DL/T 476—2012 的相关要求	登录智能远动机，检查配置及通信报文		
64	告警直传功能	变电站告警信号的标准化处理检查	主要		告警信号的标准化处理在站端监控主机完成，经远动装置直接以文本格式传送到地调调度主站端的前置服务器	检查上送的告警信息格式、告警级别、告警时间及告警内容定义正确；电网设备全路径名称按照 GB/T 33601—2017 的规定命名		
65		二次设备状态监测测量量传输测试	主要		二次设备状态监测测量量中必要的测量量也按照告警直传信息格式上送，测量量值传输采用周期方式。周期时间可在网关机上设置，缺省值 60min	模拟测量量告警信号，检查上送的告警信息格式、告警级别、告警时间及告警内容定义正确		
66	装置异常告警	检查装置失电告警	主要		告警响应正确、及时	轮流关闭装置电源，检查各级监控的智能远动机失电告警信号		
67		检查装置异常告警	主要		告警响应正确、及时	模拟装置异常现象，检查各级监控的智能远动机异常告警信号		

序号	工序	检验项目	性质	质量标准		检验方法及器具	施工单位自检结果	启委会验收组抽查结果
				验收结果	合格要求			
68	装置异常告警	检查装置通信中断告警	主要		智能远动机单网故障后，监控后台及调度端1min内应有对应告警信息；双网故障后，监控后台1min内响应告警信息，调度端3min内响应告警信息	人工中断智能远动机与站控层设备的网络连接		
69	网络安全检查	防护跨区互联检查	主要		核查是否有同时用网线连接不同安全分区的情况	现场核实网线走向和网线标签的正确性，禁止设备跨区互联		
70		软硬件风险排查	主要		检查确认主机硬件设备、操作系统、数据库、业务系统等已知安全漏洞的风险防控措施落实情况，确认设备是否为被国家通报的存在重大安全漏洞的产品。关闭不必要的硬件接口	参考入网安评报告，检查记录相关的软硬件信息，与相关的网络安全专员进行信息核对。关闭不必要的USB接口，对未使用的网络端口进行软硬件封堵。没有使用自主可控软件或硬件		
71		网络服务检查	主要		关闭不必要的网络服务、高危端口	关闭不必要的网络服务：禁止开启无关的服务，禁用或关闭E-Mail、Web、FTP、telnet、rlogin、NetBIOS、DHCP、SNMPV3以下版本、SMB等通用网络服务或功能。排查是否已关闭高危端口等		
72		用户及密码检查	主要		账号及密码设置符合要求	账号密码检查：清除不合规的用户；清除弱口令、默认口令账号、检查账户权限设置是否合理等		
73	参数定值检查	参数定值检查	主要		与系统运行部下发参数定值一致	检查装置、组态		
74	结合反措检查	结合反措检查	主要		结合网、省、地市三级调度反措发文进行检查	不涉及反措发文的远动型号版本，现场验证装置无反措发文的事故现象		
75	工作备份	远动配置、现场图片备份	主要		远动配置文件齐全，台账图片清晰	远动相关配置备份至指定目录，台账图片要求远动装置型号、标签和空开字体显示清晰		
76	除尘	远动装置及屏柜除尘	主要		屏柜内无任何杂物、无异味，远动装置机箱表面无积尘、油渍和水渍	屏柜内无任何杂物、无异味，远动装置机箱表面无积尘、油渍和水渍		

续表

启委会验收组验收意见：

合格：_____ 项
不合格：_____ 项

缺陷处理情况：

验收单位	质量验收结论	签名		
班组		年	月	日
施工队		年	月	日
项目部		年	月	日
监理		年	月	日
启委会验收组 （只对所抽检分项工程签名确认）		年	月	日

表 7-2　　　　　　　　　远 动 机 标 识

远动装置标识	规范要求	颜色规定：采用黄底黑色黑体字标签纸，外部边框用 2.25 磅粗黑线，内部用 0.5 磅细黑线。 尺寸规定：宽 24mm。 位置规定：粘贴在装置正下方或装置表面的下部，装置面板、背板均应标识。 标识结构：采用上中下三格，最下面一格分为左右两格的设置形式。 内容要求：上格为远动命名，中格为装置编号+型号，下格为装置的机器名和地址
	实例	**智能远动装置一** 1n NSS201A 机器名：yd1　　　　　装置地址：49
远动机IP地址标识	规范要求	颜色规定：黄底黑色黑体字标签纸，外部边框用 2.25 磅粗黑线，内部用 0.5 磅细黑线。 尺寸规定：以现场便于粘贴为宜。 位置规定：粘贴在装置表面，以方便粘贴和识别为宜。 标识结构：采用多行结构。 标识内容：需标注清楚对应的网口和对外通道名称，内容包含本地 IP 地址、子关掩码及各级调度主站网口 IP 地址、网关、掩码，具体 IP 设置应与现场定值一致
	实例	本地A网（net1）：172.20.10.17（IP）/255.255.0.0（掩码） 本地B网（net2）：172.20.10.17（IP）/255.255.0.0（掩码） I平面104通道（net3）：10.82.10.108（IP）/255.255.255.240（掩码）/10.82.10.97（网关） II平面104通道（net4）：20.82.10.108（IP）/255.255.255.240（掩码）/20.82.10.97（网关）

二次电缆、网线标识牌	规范要求	二次电缆及网线标识牌。 尺寸规定：50mm×25mm，四角为圆弧。 位置规定：二次电缆标识牌悬挂在屏柜二次电缆处，其底边距屏底部应为 100～400mm；网线及光缆标识牌悬挂在屏柜中网线及光缆距接头 100～400mm 处。 标识结构： 颜色规定：采用白底黑色黑体字标识牌采用四层设置形式。 标识内容：第一层为编号，第二层为起点，第三层为走向终点，第四层为规格型号
	实例	
屏内跳线、通道防雷器等标识	规范要求	颜色规定：黄底黑色黑体字标签纸，外部边框用 2.25 磅粗黑线，内部用 0.5 磅细黑线。 尺寸规定：以现场便于粘贴为宜。 位置规定：离接头 30～60mm 处。 标识结构：采用三行结构。 标识方法：在标签纸呈中线对称，打印两个名称，沿标签纸中线对折贴在跳线上。 标识内容：第一行为"编号+功能"，第二行、第三行分别为"起点信息""终点信息"。 其他：通道防雷器等除厂家自带标识外，应增加必要的汉字标识，与现场配置一致，方便后期现场维护工作
	实例	屏内跳线标识示例： 通道防雷器标识示例： 远动通道走向图规范要求及示例

49

续表

规范要求		a）颜色规定：白底黑色黑体字标签纸，外部边框用 2.25 磅粗黑线，内部用 0.5 磅细黑线。 b）尺寸规定：A4 纸张，横向打印，塑封处理。 c）位置规定：张贴于智能远动屏后。 d）标识内容：注明具体的屏位号、设备型号、端子号、网口、串口及通信线缆型号、数量，可增加必要的汉字标识或颜色标注粘贴在对应通道位置的屏柜门内侧，以方便粘贴和识别为宜
远动通道走向图	示例图	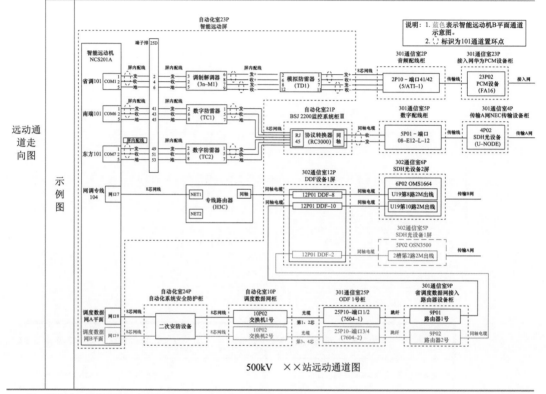 500kV ××站远动通道图

注：现场标识制作格式按《南方电网 35kV 及以上厂站继电保护设备命名及标识规范（2019 年试行版）》规范要求制作。

表 7-3　　　　　　　　　　　　遥信信息测试记录表

YX 号	描述	监控后台			×××主站				结论	后台	调度或集控	日期
		遥信	光字牌	SOE	×××通道							
					遥信	光字牌	SOE			施工签名	验收见证	
0	全站事故总											20××- ××-××
1												
2												
3												
4												

续表

YX 号	描述	监控后台			×××主站			结论	后台	调度或集控	日期
					×××通道						
		遥信	光字牌	SOE	遥信	光字牌	SOE		施工签名	验收见证	
5											
…	…										
…	…										
…	…										

试验人员签字：_____   试验日期：_____

抽检人员签字：_____   抽检日期：_____

注：1. 验收见证以实际验收界面划分为准。

2. 表仅为示意，根据变电站对应的主站数、不同类型通道可增加列，工程现场以业主要求为准。

3. 调控一体化设备监控及告警采集应满足 Q/CSG 1204005.37—2014 要求。

表 7-4　　　　　　　　　　　遥测信息测试记录表

YC 号	遥测量名称	TA/TV变比	装置值	监控后台（120%）	×××主站	后台误差	调度误差	结论	后台	调度或集控	日期
					×××通道						
				电压：120% 电流：200%，功率：200%，档位频率：100%					施工签名	验收见证	
0	时间偏差（主站下发时钟与本地时钟进行对比，将差值折算成秒作为遥测数据返回主站）										20××-××-××
1	220kV 1M 母线线电压 U_{ab}	220/100									
2											
3											
4											
5											
…	…										
…	…										
…	…										

试验人员签字：_____   试验日期：_____

抽检人员签字：_____   抽检日期：_____

注：1. 验收见证以实际验收界面划分为准。

2. 表仅为示意，根据变电站对应的主站数、不同类型通道可增加列，工程现场以业主要求为准。

3. 调控一体化设备监控及告警采集应满足 Q/CSG 1204005.37—2014 要求。

表 7-5　　　　　　　　　　　　　遥控信息测试记录表

| YK 号 | 描述 | 监控后台 | 远方就地闭锁 | "五防"闭锁 | 出口连接片闭锁 | ×××主站 | 结论 | 后台 | 调度或集控 | 日期 |
						×××通道		验收见证	验收见证	
1	全站复归									20××- ××-××
2	×号主变压器高压侧××××开关									
3										
4										
5										
…	…									
…	…									
…	…									

试验人员签字：_____　　　　　　　　试验日期：_____

抽检人员签字：_____　　　　　　　　抽检日期：_____

注：1. 验收见证以实际验收界面划分为准。

2. 表仅为示意，根据变电站对应的主站数、不同类型通道可增加列，工程现场以业主要求为准。

3. 调控一体化设备监控及告警采集应满足 Q/CSG 1204005.37—2014 要求。

表 7-6　　　　　　　　　　　　　遥调信息测试记录表

| YT 号 | 描述 | 监控后台 | 远方就地闭锁 | ×××主站 | 结论 | 后台 | 调度或集控 | 日期 |
				×××通道		验收见证	验收见证	
1	×号主变压器××××保护装置定值区号							20××- ××-××
2								
3								
4								
5								
…	…							
…	…							
…	…							

试验人员签字：_____　　　　　　　　试验日期：_____

抽检人员签字：_____　　　　　　　　抽检日期：_____

注：1. 验收见证以实际验收界面划分为准。

2. 表仅为示意，根据变电站对应的主站数、不同类型通道可增加列，工程现场以业主要求为准。

3. 调控一体化设备监控及告警采集应满足 Q/CSG 1204005.37—2014 要求。

8

测控装置（含过程层）

8.1 测控装置（含过程层）概述

测控装置主要用于变电站间隔层数据和信号的测量与控制，实时采集模拟量、开关量等信息量，通过智能设备接口接受来自其他智能装置的数据，对所采集的实时信息进行数字滤波、有效性检查、工程值转换、信号接点抖动消除和刻度计算等加工，从而为监控系统提供可应用的电流、电压、有功功率、无功功率，功率因数等各种电网运行的实时数据，并将这些实时数据带品质描述传送至站控层。各厂家测控装置均采用整体面板和全封闭机箱，严格遵循强弱电分开的设计原则，在软件设计上采取相应的抗干扰措施，使装置具备良好的电磁兼容性。测控装置硬件整体结构示意图如图 8-1 所示。

主要功能：① 交流量采集支持上送三相电压有效值、三相电流有效值、$3U_0$、$3I_0$、有功、无功、频率、2～13 次谐波值等，一体化测控还应具备 PMU 的相关功能，能测量发电机同步电势和功角功能，测量量和计算量应带时标上送，智能站测控支持数字交流量采集。② 遥信开入支持多种输入类型，如状态输入、告警输入、时间顺序记录、脉冲累积输入、主变压器分接头输入 BCD 码输入，具有防抖动功能并能设置整定防抖时间，用于智能站是应具备 GOOSE 通信接口，以接收智能终端采集的一次设备状态。③ 遥控支持主站下发的单点、双点遥控或直控命令，应具有选择—返校—执行/撤销功能，并开放有权限用户在装置主接线上对断路器或隔离开关进行分合闸操作，用于智能站应具备 GOOSE 通信接口，以接收智能终端采集的一次设备状态。④ 具备完善的"五防"闭锁逻辑，含间隔内"五防"和间隔间的"五防"逻辑联锁，"五防"逻辑可编辑，"五防"逻辑闭锁状态应以状态量的形式上送，以便在间隔图能实时显示一次设备可操作的状态，应设置解锁连接片，用于在紧急情况下解锁"五防"逻辑，直接对一次设备进行控制，智能站应采用 GOOSE 通信获取间隔间互锁信息。⑤ 支持多种直流量采集，如 DC 220V、DC 110V、DC 24V、DC 0～5V、DC 4～20mA，支持 PT100 电阻值采集，能完成主变压器温

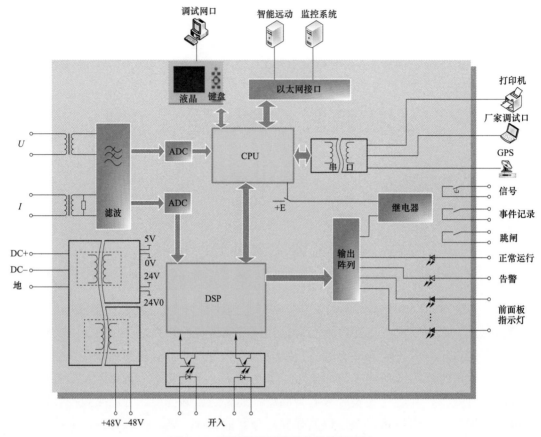

图 8-1 测控装置硬件整体结构示意图

度和其他环境室温的采集上送。⑥ 具备同期功能，可根据需要选择检同期和检无压合闸方式，也可通过连接片或把手投退方式转换为非同期合闸，检同期合闸应区分同频系统和差频系统；对于差频系统，应采用捕捉同期方式进行同期合闸条件判断，检无压合闸过程中，应检测断路器两侧电压值，当一侧或两侧电压小于无压定值时合闸，并具备 TV 断线检测功能，在 TV 断线时应闭锁同期合闸。⑦ 装置应具备检修连接片，应能设置通过数据品质反映所测量数据的检修状态，站控层设备应对检修数据和运行数据进行有效隔离。测控装置主要功能思维导图如图 8-2 所示。

随着智能变电站的大规模推广，现阶段各厂家测控装置全面支持智能变电站功能（支持数字采集、GOOSE 分合闸），支持电力行业标准 IEC 61850 和 IEC 60870-5-103 规约，采用面向对象的设计思想，具有统一的软硬件平台和数据库管理，实现多态数据统一采集；采用高精度的 AD 转换器实现大容量、高精度的实时信息处理，功能强大的选配插件能满足各种业务需求。随着南方电网厂站设备标准化的推进，将来各厂家测控装置应具备规范性的人机界面、标准化的接线工艺和统一的运维管理软件，在很大程度上提升远程运维效率、降低差异化管控风险。

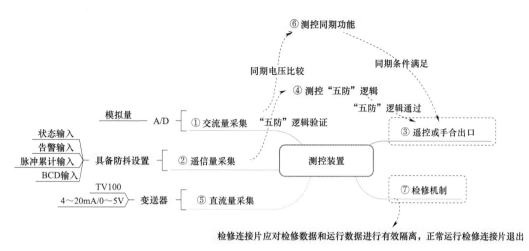

图 8-2 测控装置主要功能思维导图

8.2 测控装置（含过程层）工程质量验收记录表

测控装置（含过程层）工程质量验收记录见表 8-1～表 8-5。

表 8-1 测控装置（含过程层）工程质量验收记录表

产品型号						制造厂家			
程序版本						所属间隔			
序号	工序	检验项目	性质	质量标准		检验方法及器具	施工单位自检结果	启委会验收组抽查结果
				验收结果	合格要求			
1	资料检查	出厂试验报告、合格证、图纸资料、技术说明书、装箱记录、开箱记录等检查	主要		齐全、正确	查阅、记录，监理工程师签字确认并保存		
2	维护工具	统一配置工具	主要		应具备	测控配置		
3	工作电源检查	测控装置工作电源	主要		额定值范围内变化	1. 查看装置电源指示灯是否正常。2. 检查电源插头及接线的可靠性（或电源线与端子连接有无松动现象），电源线是否老化，插头及插座铜片是否氧化或受污染。3. 用万用表测量装置电源的供电电压		

序号	工序	检验项目	性质	质量标准		检验方法及器具	施工单位自检结果	启委会验收组抽查结果
				验收结果	合格要求			
4	工作电源检查	装置工作电源掉电和恢复	主要		测控装置断电后恢复无误信息上送，无遥控出口	断开测控装置电源，间隔1min后恢复电源，检查测控上送信息及遥控出口状态		
5	装置外观及接线检查	测控装置把手的标识以及接线端子紧固性检查	主要		检查装置把手的标识是否正确和清晰；接线端子紧固	1. 检查装置把手的标识是否正确和清晰。2. 逐个检查接线端子紧固性		
6		检查机箱接地端子	主要		机箱接地端子与接地铜排可靠连接，可配置电源防雷，防雷装置应具备故障指示	机箱接地端子与接地铜排可靠连接		
7		检查键盘和液晶显示屏	主要		键盘操作灵活、液晶显示屏显示完好	检查键盘、液晶显示屏		
8		检查装置背板配线	主要		连接良好	检查装置背板配线		
9	光纤回路外观检查（有过程层）	光纤标识	主要		光纤回路标识完整	检查光纤（包括光缆、尾缆、跳线）和装置端口两端应贴有正确的标识，应示意不同屏柜间互连的光缆、尾缆，同一屏柜内不同装置间的光纤跳线；光缆应表示光缆编号、光缆类型、芯数、去向等；尾缆应表示尾缆编号及两端的接头类型。应表示柜内接有尾缆装置的光口号、光口类型，同时表示所接尾缆的编号、尾缆芯编号及去向。应表示光纤配线架的光配单元号及本侧、对侧的光纤接口类型，各光配单元所接的光缆编号等。光纤跳线应表示跳线两端的光口号、光口类型及去向。应标识过程层交换机的外部去向，包括端口号、光缆（尾缆、网络线）编号及去向等		

序号	工序	检验项目	性质	质量标准		检验方法及器具	施工单位自检结果	启委会验收组抽查结果
				验收结果	合格要求			
10		光纤配盒或光纤配线架	主要		标识完整	检查光纤配盒或光纤配线架应提供光纤熔接表，应明确已熔接（包含备用）的光配单元号及本、对侧的光纤接口类型、去向，各光配单元所接的光缆编号		
11	光纤回路外观检查（有过程层）	光缆固定	主要		固定良好	检查光缆两端应固定良好，缆芯不能承受外力，具备接地条件的室外铠装光缆两端应接地，屏柜内的光纤可固定于光纤终端盒或光纤配线架中		
12		光缆（尾纤）弯曲度	主要		满足弯曲半径的要求	检查光缆在任何敷设方式及其全部路径条件的上下左右改变部位，均应满足光缆允许弯曲半径要求［铠装光缆敷设弯曲半径不应小于缆径的25倍，室内软光缆（尾纤）弯曲半径静态下应不小于缆径的10倍，动态下应不小于缆径的20倍］，光缆布放的过程中应无扭转，严禁打小圈等现象出现		
13	光功率检测（有过程层）	光功率检测	主要		光波长1310nm光纤发送功率和灵敏度检查；光波长850nm光纤发送功率和灵敏度检查；装置端口接收功率裕度不应低于3dBm	检查100M光纤端口的发送功率和接收灵敏度，满足如下要求：（1）光波长1310nm光纤。光纤发送功率：−20～−14dBm；光接收灵敏度：−31～−14dBm。（2）光波长850nm光纤。光纤发送功率：−19～−10dBm，光接收灵敏度：−24～−10dBm。（3）装置端口接收功率裕度不应低于3dBm		

续表

序号	工序	检验项目	性质	质量标准		检验方法及器具	施工单位自检结果	启委会验收组抽查结果
				验收结果	合格要求			
14	GOOSE报文测试（有过程层）	GOOSE报文输入测试	主要		报文测试正确	（1）GOOSE输入信息应与SCD文件一致，且开入正确。（2）GOOSE输入量设置相关联的接收软连接片功能应正确		
15		GOOSE报文输出测试	主要		报文测试正确	（1）GOOSE输出信息应与SCD文件一致。（2）GOOSE输出量设置相关联的发送软连接片功能应正确，GOOSE出口软连接片的名称应与现场实际一致。（3）监测调试期间的GOOSE报文，查看监测报文是否有未定义报文，要求被测装置GOOSE输出应与SCD文件一致，被测装置GOOSE输出开关量、模拟量在SCD文件中应有明确定义		
16		GOOSE中断检查	主要		报文测试正确	（1）在通信中断时间超过2倍生存周期时，装置应报GOOSE通信中断，且GOOSE联闭锁处理正确。（2）检查被测装置开入量在GOOSE中断下的处理机制:GOOSE报文接收时应考虑通信中断或发布者装置故障的情况，当GOOSE通信中断或配置版本不一致时，被测装置GOOSE接收信息宜保持中断前状态		
17		GOOSE重启检查	主要		报文测试正确	检测被测装置在上电、重启过程中发送的GOOSE报文，应满足如下要求：（1）装置不应发出跳、合闸GOOSE命令。		

续表

序号	工序	检验项目	性质	质量标准		检验方法及器具	施工单位自检结果	启委会验收组抽查结果
				验收结果	合格要求			
17	GOOSE报文测试（有过程层）	GOOSE重启检查	主要		报文测试正确	（2）装置不应发送与外部开入不一致的信息		
18		GOOSE报文时标检查	主要		报文测试正确	在秒脉冲起始时刻，使用测试装置施加变位硬开入，同时抓取智能终端发布的GOOSE变位报文，查看变位时间（t值）与硬开入变位时刻是否一致，要求GOOSE报文中时间（t值）与对时源之间误差应满足对时精度要求		
19		检查发送、接收SV的零漂（模拟量直采时忽略）	主要		零漂值≤1%	检测装置采样值的零漂，要求零漂值均在1%额定值以内		
20		检查发送、接收SV采样精度（模拟量直采时忽略）	主要		要求U、I采样精度不大于0.2%；P、Q采样精度不大于0.5%（保留小数点后2位数），频率采样精度不大于0.01Hz	使用继保光数字综合测试仪对测控装置进行加量，确认精度是否满足要求		
21		检查SV通信状态（模拟量直采时忽略）	主要		后台画面、装置告警状态一致	后台画面、装置告警状态一致		
22	SV报文测试（有过程层）	检查SV相关连接片（模拟量直采时忽略）	主要		后台画面、装置告警状态一致	检修连接片、SV发送连接片、SV接收连接片等相关功能		
23		SV报文检修处理机制（模拟量直采时忽略）	主要		报文测试正确	（1）当装置检修连接片投入时，合并单元发送的SV报文中的Test应置1。（2）SV接收端装置应将接收的SV报文中的Test位与装置自身的检修连接片状态进行比较，只有两者一致时才将SV采样值作为有效值进行处理，进行同期、"五防"逻辑等运算，不一致时应保持前一状态并告警。		

序号	工序	检验项目	性质	质量标准		检验方法及器具	施工单位自检结果	启委会验收组抽查结果
				验收结果	合格要求			
23	SV报文测试（有过程层）	SV报文检修处理机制（模拟量直采时忽略）	主要		报文测试正确	（3）当发送方SV报文中Test置1时，发生SV中断，被测装置应报具体的SV中断告警，但不应报"装置告警（异常）"信号，不应点"装置告警（异常）"灯		
24	MMS报文通信检查	MMS报文通信检查	主要		报文测试正确	装置应进行MMS报文通信检查，建立被测装置与监控后台、智能远动机等站控层设备通信，被测装置应符合下列规定：（1）装置相关电压、电流等模拟量信息应正确上送。（2）装置的连接片状态、装置告警及通信状态等相关信息应正确上送		
25		装置检修状态	主要		报文测试正确	检修连接片应只能就地操作,当连接片投入时,表示装置处于检修状态,装置应通过状态灯、液晶显示并上送连接片变位报文提醒运行、检修人员装置处于检修状态		
26	检修机制功能检测	MMS报文检修处理机制	主要		报文测试正确	（1）装置应将检修连接片状态上送客户端。（2）当装置检修连接片投入时，除装置自身检修连接片状态外，本装置上送的所有报文中信号的品质q的Test位应置1。（3）当装置检修连接片退出时，经本装置转发的信号应能反映GOOSE信号的原始状态。（4）客户端根据上送报文中的品质q的Test位判断报文是否为检修报文并作出相应处理，当报文为检修报		

序号	工序	检验项目	性质	质量标准		检验方法及器具	施工单位自检结果	启委会验收组抽查结果
				验收结果	合格要求			
26		MMS报文检修处理机制	主要		报文测试正确	文,报文内容应不显示在简报窗中,不发出音响告警,但应该刷新画面,保证画面的状态与实际相符,检修报文应存储,并可通过单独的窗口进行查询		
27	检修机制功能检测	GOOSE报文检修处理机制（有过程层）	主要		报文测试正确	（1）当装置检修连接片投入时,装置发送的GOOSE报文中的Test应置1。（2）GOOSE接收端装置应将接收的GOOSE报文中的Test位与装置自身的检修连接片状态进行比较,只有两者一致时才将信号作为有效进行处理或动作,不一致时宜保持前一状态。（3）当发送方GOOSE报文中Test置1时,发生GOOSE中断,被测装置应报具体的GOOSE中断告警,但不应报"装置告警（异常）"信号,不应点"装置告警（异常）"灯		
28	程序的版本检查	核对装置的程序版本号	重要		装置与系统运行部下发的版本要求一致	装置液晶面板上检查程序的版本号		
29		液晶屏及工况指示灯显示检查	主要		液晶屏能显示接线图和相应信息,各工况指示灯指示正常	液晶屏显示的信息应与现场配置相符,各工况指示灯指示正确		
30	面板功能检查	断路器或隔离开关就地控制功能检查	主要		在测控装置面板上进行开出传动,相应断路器或隔离开关正确动作（如不使用该功能则该项忽略）	在测控装置面板上进行开出传动,相应断路器或隔离开关正确动作（如不使用该功能则该项忽略）		
31		断路器及隔离开关状态监视功能、状态监视图和控制图图形、编号正确	主要		对应断路器及隔离开关状态,面板显示正确、状态监视图与实际状态一致	实际查看状态监视图		

续表

序号	工序	检验项目	性质	质量标准 验收结果	质量标准 合格要求	检验方法及器具	施工单位自检结果	启委会验收组抽查结果
32	面板功能检查	监控面板遥测显示	主要		进行加量试验；装置、后台显示正确	进行加量试验；装置、后台显示正确		
33		装置联闭锁信息查看	主要		正确显示联闭锁信息	正确显示联闭锁信息		
34		遥控记录功能	主要		对遥控命令进行记录，包括遥控来源及执行情况	进行遥控操作，能看到遥控命令记录		
35	测控回路绝缘检测	装置接地检查	各回路对地绝缘电阻		≥10MΩ	在测控屏的端子排处将所有外部引入的回路及电缆全部断开，分别将所有端子各自连接在一起，用 1000V 绝缘电阻表测量各回路对地及各回路相互间的绝缘电阻		
36			各回路相互间的绝缘电阻		≥10MΩ			
37	抗干扰措施的检查	测量电阻值	主要		0Ω	测量机柜接地母线铜排与主接地网的电阻		
38			主要		0Ω	测量装置外壳与接地母线铜排的电阻		
39	"四遥"功能测试	开关量采集处理	主要		状态量、告警量、脉冲量、挡位编码的输入正确	短接开关量输入端子与开关量输入电源，装置显示开关量输入正确		
40		装置检修状态检查:将装置检修连接片打上,检查装置信号是否能上传	主要		装置的所有信号上传后台,远动信号均应被屏蔽不能送出或带有检修态,测控装置仍能查看相关信号	将装置检修连接片投入,装置的所有信号上传后台,远动信号均应被屏蔽不能送出或带有检修态,测控装置仍能查看相关信号		
41		控制执行输出	主要		被控设备的控制功能,开关量输出脉宽可设置,与实际动作情况一致	检查开关量输出的脉宽设置,南网标准除特殊情况,断路器和隔离开关的开关量输出脉宽不超过 200ms		
42		直流量采集	主要		4～20mA 或 0～5V 输入；精度为 0.5 级	检查装置显示直流遥测与万用表实测值的误差		
43		预留 3 路中性点直流分量接入点（220kV 以上变电站）	主要		4～20mA 输入；精度为 0.5 级	检查图纸与实际接线是否预留 3 路		

序号	工序	检验项目	性质	质量标准		检验方法及器具	施工单位自检结果	启委会验收组抽查结果
				验收结果	合格要求			
44	同期合闸功能测试	同期功能检查	主要		分别试验压差、角差、频差、无压条件不满足引发合闸闭锁，且正确上报闭锁原因。当不满足同期但是满足无压条件时，或满足同期但不满足无压条件时，均正确合闸	见表8-2		
45		同期功能解锁	主要		同期功能解锁	同期把手切换功能，将装置定值整定为单断路器同期、同期控制字整定为不检同期（或投入强制合闸连接片），解锁同期功能		
46		同期远方投退功能	重要		同期模式的远方投退功能	支持主站远方投退同期相关连接片，或以同期方式遥控合闸		
47	其他功能测试	开关量防抖动功能	主要		检查防抖配置情况是否与测控定值一致	检查防抖时间设置，南网标准为10～20ms		
48		模拟量越死区上报功能	主要		检查死区配置情况是否与测控定值一致	检查死区配置，南网标准除500kV母线电压和重要关口数据可设置成"零"死区，其他间隔按0.2%标准执行		
49		档位解码功能检查	主要		显示正确	进行调挡，检查每一挡位（过渡挡除外）监控显示与主变压器机构显示一致		
50		在当地监控计算机上监视与测控装置的通信报文数据是否正常滚动刷新，以及召唤和整定各子模块定值应成功	主要		报文正常刷新，召唤和整定定值成功	在当地监控计算机上监视与测控装置的通信报文数据是否正常滚动刷新，以及召唤和整定各子模块定值应成功		
51		检查每一个控制对象是否具备独立的出口连接片	主要		应具备且功能正确	核对图纸，且结合遥控验收试验连接片电气闭锁功能		

序号	工序	检验项目	性质	质量标准		检验方法及器具	施工单位自检结果	启委会验收组抽查结果
				验收结果	合格要求			
52	其他功能测试	检查每一个控制对象是否具备独立的出口连接片，出口连接片在智能终端（有过程层）	主要		应具备且功能正确	核对 SCD 文件软连接片对应的虚端子联线正确，且结合遥控验收试验连接片闭锁功能		
53		任意选一台测控装置退出运行	主要		不影响系统的正常运行	关闭测控装置不影响其他设备运行		
54		对时功能	主要		能够正确响应时钟同步装置的对时信号	检查测控装置与同步时钟已对时正确，具有对时标志的设备要检查对时标志		
55	装置精度检查	装置遥测精度测试	主要		装置误差、后台误差、调度误差按要求 U、I 精度不大于 0.2%；P、Q 精度不大于 0.5%（保留小数点后 2 位数），频率精度不大于 0.01Hz	使用综合自动化测试仪测试，需测试 200%量程值下的误差（频率、挡位除外）	见表 8–3	见表 8–3
56		遥测信息响应时间测试	主要		遥测信息响应时间≤3s	使用综合自动化测试仪测试	见表 8–3	见表 8–3
57		遥信响应时间测试	主要		遥信变位响应时间≤2s	检查监控系统遥信 SOE 与 COS 时间差	见表 8–4	见表 8–4
58		遥控、遥调命令响应时间测试	主要		遥控、遥调命令响应时间≤2s	检查监控系统点击后与装置显示接收指令时间差	见表 8–5	见表 8–5
59	联锁功能检查	存储防误闭锁逻辑	主要		闭锁逻辑可存储	测控断电重启后闭锁逻辑不丢失		
60		防误闭锁逻辑编辑与计算	主要		闭锁逻辑可编辑，可配置 DL/T 1404 要求的闭锁逻辑	检查逻辑编辑能力	见表 8–6 和表 8–7	见表 8–6 和表 8–7
61		控制操作必须满足防误闭锁条件，并显示和上送防误判断结果	主要		当间隔间的相关信息不能有效获取（如由于网络中断等）、信号具有无效品质、信号处于不确定状态（包括相关间隔置检修状态且本间隔未置检修状态）时，应判断校验不通过	检查判断结果，当"五防"逻辑校验不通过时，装置内部遥控出口插件的"五防"闭锁触点应打开，断开遥控回路		

续表

序号	工序	检验项目	性质	质量标准		检验方法及器具	施工单位自检结果	启委会验收组抽查结果
				验收结果	合格要求			
62	联锁功能检查	具备解锁功能	主要		可解锁	检查解锁后防误闭锁功能是否不再计算，设置"五防"功能解锁硬连接片，投入该连接片，解锁间隔"五防"功能，装置内部遥控出口插件的"五防"闭锁触点全部闭合		
63		间隔"五防"功能投退	一般		间隔"五防"功能投退	设置"五防"功能投退控制字，无相关软连接片，暂不要求实现主站远方投退		
64	装置标识检查	核对装置地址、IEDNAME等参数	主要		装置地址、IEDNAME是否已标签注明且与装置设置相同	通过液晶面板检查	见表8-8	见表8-8
65	网线光纤标识检查	核对装置间隔名称、屏柜地址、标签编号	主要		核对间隔名称，通信线起点和终点的屏柜，交换机端口标注和标签编号首尾的正确性	通过通信线物理连接特性和使用以太网测线仪判断标签正确性	见表8-8	见表8-8
66	电流回路标识图检查	测控装置电流回路检查	主要		测控装置电流回路标示图和电缆标签同设计蓝图一致	标示图体现出测控装置在电流回路的节点，根据二次设计图核对标签和节点正确	见表8-8	见表8-8
67	测控装置双网切换检查	测控装置双网切换	主要		单网运行时，信息上送正常，遥测数据正确无跳变、中断情况	拔掉装置A网插头，信息上送正常；恢复A网通信，拔掉装置B网插头，信息上送正常，遥测、遥信数据正确无跳变、中断情况		
68	遥控回路正确性检查	遥控回路检查	主要		断路器、隔离开关及接地开关的控制回路接线正确，出口连接片标识正确、常规站测控装置出口连接及KK一致性验收	结合运行人员遥控验收检查		
69	防护跨区互联检查	防护跨区互联检查	主要		核查是否有同时用网线连接不同安全分区的情况	现场核实测控装置网线走向和网线标签的正确性，禁止设备跨区互联		

续表

序号	工序	检验项目	性质	质量标准		检验方法及器具	施工单位自检结果	启委会验收组抽查结果
				验收结果	合格要求			
70	结合反措检查	结合反措检查	主要		结合网、省、地市三级调度反措发文进行检查	不涉及反措发文的测控型号版本,现场验证装置无反措发文的事故现象		
71	定值核对	定值核对	主要		定值正确	进入菜单参数检查定值与有效的定值通知单进行核对		
72	工作备份	测控文件、现场图片备份	主要		测控文件齐全,图片清晰	测控CID文件和相关配置备份至广州局变电管理一所网盘指定目录,图片要求测控连接片、标签和空开字体显示清晰		
73	除尘	测控装置及屏柜除尘	主要		屏柜内无任何杂物、无异味,测控装置机箱表面无积尘、油渍和水渍	屏柜内无任何杂物、无异味,测控装置机箱表面无积尘、油渍和水渍		
74	相量测量模块(此项功能根据技术规范书要求配置)	验收内容详见主要相量测量装置(PMU)工程质量验收记录表	主要		验收内容详见相量测量装置(PMU)工程质量验收记录表	验收内容详见相量测量装置(PMU)工程质量验收记录表		

表 8-2　　　　　　　　　同 期 功 能 检 测 表

① 装置同期定值核对记录表

定值通知单号	核对检查单内容		定值核查结果	定值校核人
	最小动作电压			
	频差闭锁			
	角差闭锁			
	压差闭锁			
	低压闭锁			
	允许合闸电压			
	同期功能连接片或控制字投入(退出)			

② 断路器检无压合闸检测记录表

满足无压条件	$U_m = U_x <$ 无压 =　　　V	□ 合闸出口	□ 合闸不出口
	$U_m = U_n$, $U_x <$ 无压 =　　　V	□ 合闸出口	□ 合闸不出口
	$U_x = U_n$, $U_m <$ 无压 =　　　V	□ 合闸出口	□ 合闸不出口
不满足无压条件	$U_m = U_x >$ 无压 =　　　V	□ 合闸出口	□ 合闸不出口
	$U_m = U_n$, $U_x >$ 无压 =　　　V	□ 合闸出口	□ 合闸不出口
	$U_x = U_n$, $U_m >$ 无压 =　　　V	□ 合闸出口	□ 合闸不出口

定值通知单号	核对检查单内容		定值核查结果	定值校核人
③ 断路器检同期合闸检测记录表				
频差闭锁	dF＜频差闭锁＝　　　　Hz	□ 合闸出口	□ 合闸不出口	
	dF＞频差闭锁＝　　　　Hz	□ 合闸出口	□ 合闸不出口	
角差闭锁	dϕ＜角差闭锁＝	□ 合闸出口	□ 合闸不出口	
	dϕ＞角差闭锁＝	□ 合闸出口	□ 合闸不出口	
压差闭锁	$U_m = U_n$，U_x＜压差闭锁＝　　　V	□ 合闸出口	□ 合闸不出口	
	$U_m = U_n$，U_x＞压差闭锁＝　　　V	□ 合闸出口	□ 合闸不出口	
低压闭锁	$U_m = U_n$，U_x＜低压闭锁＝　　　V	□ 合闸出口	□ 合闸不出口	
	$U_m = U_n$，U_x＞低压闭锁＝　　　V	□ 合闸出口	□ 合闸不出口	
④ 装置同期解锁功能检测记录表				
不满足同期合闸条件	同期功能连接片或控制字投入	□ 合闸出口	□ 合闸不出口	
	同期功能连接片或控制字退出	□ 合闸出口	□ 合闸不出口	

监理单位验收意见：

启委会验收组验收意见：

合格：＿＿＿＿项
不合格：＿＿＿＿项

缺陷处理情况：

验收单位	质量验收结论	签名		
班组		年	月	日
施工队		年	月	日
项目部		年	月	日
监理		年	月	日
启委会验收组 （只对所抽检分项工程签名确认）		年	月	日

表 8 – 3　　　　　　　　　　　　　　遥测信息测试记录表

YC 号	遥测量名称	TA/TV变比	装置值	监控后台（200%）	×××主站 ×××通道	后台误差	调度误差	结论	后台	调度或集控	日期
				电压：200%	电流：200%，功率：200%，挡位频率：100%				施工签名	验收见证	
0	220kV1M 母线线电压 U_{ab}	220/100									20××-××-××
1											
2											
3											
4											
5											
…	…										
…	…										
…	…										

试验人员签字：_____　　　　　　　　　　　　试验日期：_____

抽检人员签字：_____　　　　　　　　　　　　抽检日期：_____

注：1. 验收以证按实际验收界面划分为准。

　　2. 表仅为示意，根据变电站对应的各级调度主站数、不同类型通道可增加列，工程现场以业主要求为准。

表 8 – 4　　　　　　　　　　　　　　遥信信息测试记录表

YX 号	描述	监控后台			×××主站			结论	后台	调度或集控	日期
		遥信	光字牌	SOE	×××通道				施工签名	验收见证	
					遥信	光字牌	SOE				
0	全站事故总										20××-××-××
1											
2											
3											
4											
5											
…	…										
…	…										
…	…										

试验人员签字：_____　　　　　　　　　　　　试验日期：_____

抽检人员签字：_____　　　　　　　　　　　　抽检日期：_____

注：1. 验收以证按实际验收界面划分为准。

　　2. 表仅为示意，根据变电站对应的各级调度主站数、不同类型通道可增加列，工程现场以业主要求为准。

表 8-5　　　　　　　　　　　　遥控信息测试记录表

YK 号	描述	监控后台	远方就地闭锁	"五防"闭锁	出口连接片闭锁	×××主站×××通道	结论	后台验收见证	调度或集控验收见证	日期
1	×号主变压器高××××开关									20××-××-××
2										
3										
4										
5										
…	…									
…	…									
…	…									

试验人员签字：＿＿＿＿＿＿＿＿　　　　　　　　　　　　试验日期：＿＿＿＿＿＿＿＿

抽检人员签字：＿＿＿＿＿＿＿＿　　　　　　　　　　　　抽检日期：＿＿＿＿＿＿＿＿

注：1. 验收以证按实际验收界面划分为准。
　　2. 表仅为示意，根据变电站对应的各级调度主站数、不同类型通道可增加列，工程现场以业主要求为准。

常见"五防"逻辑及"五防"逻辑检查记录表见表 8-6，测控装置"五防"逻辑检查记录表见表 8-7。现场标识制作格式见表 8-8。

表 8-6　　　　　　常见"五防"逻辑及"五防"逻辑检查记录表

序号	常见"五防"逻辑	测试情况	备注
1	合上接地开关及挂临时接地线：从接地点开始，线路延伸的各个方向都有断开的隔离开关、断路器和主变压器被视为短路		
2	断开接地开关及拆除临时接地线：一般无闭锁		
3	合上隔离开关：本间隔断路器断开；且从本隔离开关开始线路延伸的各个方向的接地开关或临时地线全部断开，到下一断状态的隔离开关为止；需要闭锁逻辑规定送电顺序时，先合电源侧隔离开关，再合负荷侧隔离开关		
4	断开隔离开关：本间隔断路器断开；需要闭锁逻辑规定停电顺序时，先断开负荷侧隔离开关，再断开电源侧隔离开关		
5	合上断路器：两侧隔离开关都在合位或都在分位		
6	断开断路器：一般无闭锁		
7	合上分段断路器：两侧隔离开关都在合位或都在分位		
8	断开分段断路器：主变压器开关在运行状态或其中一段母线所连接线路开关都在停电状态		
9	合上母联断路器：两侧隔离开关都在合位或都在分位		
10	断开母联断路器：两条母线均有电源供电或无电源供电的一条母线上无负荷		

续表

序号	常见"五防"逻辑	测试情况	备注
11	合上主变压器高、中压侧断路器：主变压器中性点接地开关在合位；两侧隔离开关都在合位或都在分位		
12	断开主变压器高、中压侧断路器：当断开高压侧主变压器断路器时：至少一台中压侧主变压器断路器在合闸状态，或另一台主变压器高/中压侧、低压侧断路器及低压侧分段断路器在合闸状态；当断开中压侧主变压器断路器时，至少一台高压侧主变压器断路器在合闸状态，或另一台主变压器高/中压侧、低压侧断路器及低压侧分段断路器在合闸状态		
13	合上电压互感器隔离开关：互感器侧接地开关或临时地线全部断开		
14	断开电压互感器隔离开关：本母线上的所有母线侧隔离开关都已断开，或母联/分段断路器、另一段/另一母线隔离开关在合闸状态		

表 8-7　　　　　　　　　测控装置"五防"逻辑检查记录表

装置编号：

逻辑关系：

连接关联隔离开关编号 ＼ 逻辑相关隔离开关编号					作业记录

试验人员签字：_____　　　　　　　　试验日期：_____

抽检人员签字：_____　　　　　　　　抽检日期：_____

注：表中仅列常见"五防"逻辑，具体"五防"逻辑清单以现场实际设备为准。

表 8-8　　　　　　　　　现 场 标 识 制 作 格 式

测控装置标识	规范要求	a）颜色规定：采用黄底黑色黑体字标签纸，外部边框用 2.25 磅粗黑线，内部用 0.5 磅细黑线。 b）尺寸规定：宽 24mm。 c）位置规定：粘贴在装置正下方或装置表面的下部，装置面板、背板均应标识。 d）标识结构：采用上中下三格，最下面一格分为左右两格的设置形式。 e）内容要求：上格为"一次设备名称"+"测控命名"（一次设备名称包含电压等级），中格为装置编号+型号，下格中左格为装置的 IEDname，右格为装置地址（考虑到网络安全建议显示 IP 地址最后一位）
	实例	**220kV增棠甲线测控装置** 1n NSD500V IEDname：　　　　装置地址：51
智能光或光缆标识	规范要求	a）颜色规定：黄底黑色黑体字标签纸，外部边框用 2.25 磅粗黑线，内部用 0.5 磅细黑线。 b）尺寸规定：以现场便于粘贴为宜。 c）位置规定：离尾纤插头 30~60mm 处。 d）标识结构：采用四行结构。 e）标识方法：在标签纸呈中线对称，打印两个尾纤名称，沿标签纸中线对折贴在尾纤上。 f）标识内容：第一行为"光缆编号+光缆功能"，第二行、第三行分别为"起点信息""终点信息"，第四行为"法兰盘信息"
	实例	光缆编号：WL203A　功能：GOOSE A1网　　　　光缆编号：WL203A　功能：GOOSEA1网 起点信息：4P　220kV盘双I回主一保护屏/1n PCS931/4板卡/TX1口　　起点信息：4P　220kV盘双I回主一保护屏/1n PCS931/4板卡/TX1口 终点信息：15P 220kV过程层交换机屏/3n 3号交换机/RX5口　　终点信息：15P 220kV过程层交换机屏/3n 3号交换机/RX5口 路由法兰盘：4P 1层3口/15P 1层4口　　　　路由法兰盘：4P 1层3口/15P 1层4口
二次电缆、网线及光缆标识牌	规范要求	a）二次电缆、网线及光缆标识牌。 b）尺寸规定：50mm×25mm，四角为圆弧。 c）位置规定：二次电缆标识牌悬挂在屏柜二次电缆处，其底边距屏底部应为 100~400mm；网线及光缆标识牌悬挂在屏柜中网线及光缆距接头 100~400mm 处。 d）颜色规定：采用白底黑色黑体字标识牌采用四层设置形式。 e）标识内容：第一层为编号，第二层为起点，第三层为走向终点，第四层为规格型号
	实例	编号：A-ZWY108 起点：27P 220kV增棠甲、乙线测控屏1-21n 增棠甲线测控装置A网网口 终点：25P 交换机屏1n交换机网口8 规格：超五类屏蔽双绞线 （25mm × 50mm）

二次电流回路走向图	粘贴在对应电流端子位置相邻的屏柜门内侧，以方便粘贴和识别为宜	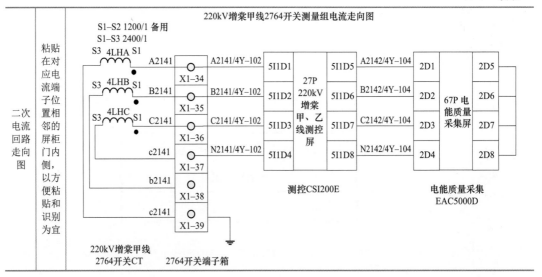

9 变电站电压无功自动调节系统

9.1 变电站电压无功自动调节系统概述

自动电压控制，是指以电网调度自动化系统为基础，对电网发电机无功功率、并联补偿设备和变压器有载分接头等无功电压调节设备进行自动调节，实现电网电压和无功功率分布满足电网安全、稳定、经济运行为目标的电网调度自动化系统的应用模块或独立子系统，也简称为 AVQC，即自动无功电压控制。

变电站电压无功自动控制有变电站独立 VQC 装置、监控系统 VQC 功能、远方 AVC 系统直控等三种实现方式。目前以远方 AVC 控制为主，监控系统 VQC 为辅，变电站独立 VQC 装置基本退运。在远方 AVC 控制模式下，厂站端智能远动装置可以对收到的远方控制命令进行防误校验。

变电站电压无功调节功能宜通过与监控系统配套的软件来实现，远方调度或站内操作员可进行 VQC 功能投退，设置的电压或无功目标值自动控制无功补偿设备，调节主变压器分接头，实现电压无功自动控制。

变电站电压无功自动控制应具有三种模式：闭环（主变压器分接头和无功补偿设备全部投入自动控制）、半闭环（主变压器分接头退出自动控制，由操作员手动调节，无功补偿设备自动调节）和开环（电压无功自动控制退出，只作调节指导），可由操作员选择投入或退出。

运行电压控制目标值应能在线修改，并可根据电压曲线和负荷曲线设定各个时段不同的控制参数。

能自动适应系统运行方式的改变，并确定相应的控制策略。

应能实现遥控/自动就地控制之间的切换，并把相应的遥信量上传到调度/集控站。

电压无功自动控制可对主变压器分接头和无功补偿设备的调节时间间隔进行设置。

电压无功自动控制可根据电容器/电抗器的投入次数进行等概率选择控制，并可限制变压器分接头开关和电容器/电抗器开关的每日动作次数。

操作员可以对每台 VQC 设备（主变压器、电容器）进行启/退操作，来独立控制某一设备是否参与 VQC 调节。

应有完善的 VQC 动作记录可以查询，记录的内容包括操作的设备对象、性质、操作时的电压和无功、操作时的限值等。

系统出现异常时应能自动闭锁。当系统输出闭锁时，应提示闭锁原因。

电压无功自动控制程序模块的异常不能影响自动化系统后台的正常工作。

变电站电压无功自动调节系统结构如图 9-1 所示。

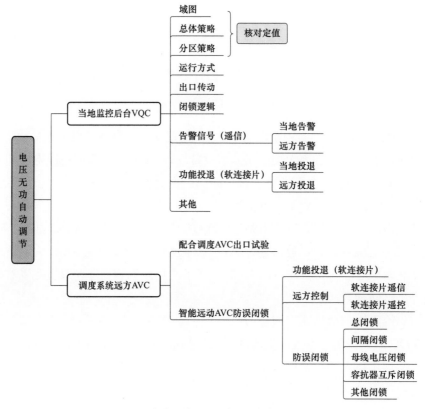

图 9-1　变电站电压无功自动调节系统结构

9.2　监控系统 VQC 工程质量验收记录表

监控系统 VQC 工程质量验收记录表见表 9-1。

表 9-1　　　　　　　　　监控系统 VQC 工程质量验收记录表

产品型号（监控系统）		制造厂家	
程序版本		操作系统及版本	

序号	检验项目	施工单位自检结果	启委会验收组抽查结果	备注
	电压无功自动控制模式			
1	闭环（主变压器分接头和无功补偿设备全部投入自动控制）			
	半闭环（主变压器分接头退出自动控制，由操作员手动调节，无功补偿设备自动调节）			
	开环（电压无功自动控制退出，只作调节指导）			
	控制策略			
	电压优先、无功优先、只调电压、只调无功、电压无功综合优选和手动整定			
2	 南瑞继保 VQC 十七域图（仅示例，供应商、监控后台版本、控制策略不同，可能导致 VQC 域图划分不同，可以替换为相应截图） 许继电气 VQC 十七域图			

序号	检验项目	施工单位自检结果	启委会验收组抽查结果	备注
2	$Q-/\text{COS}+$　$Q+/\text{COS}-$ $U+$ 1　2　3 U_{GB} ··········· 4　9　5 ········· U_{DB} $U-$ 6　7　8 国电南自 VQC 九域图			
	国电南瑞 VQC 十七域图 1 切电容 下调分接头；2 切电容 下调分接头 ΔQ_u；3 下调分接头 切电容；4 下调分接头 切电容 ΔQ_q；5 下调分接头 切电容 $U+$；6 切电容 无操作 ΔU_u；7 下调分接头 无操作 ΔU_q；8 切电容 无操作；9 不调整；10 投电容 无操作；11 上调分接头 无操作 ΔU_q；12 投电容 无操作 ΔU_u；$U-$；13 上调分接头 投电容；14 上调分接头 投电容 ΔQ_q；15 上调分接头 投电容；16 投电容 上调分接头 ΔQ_u；17 投电容 上调分接头；$Q-$ … $Q+$			
	$U+ =$	目标侧电压上限		
	$U- =$	目标侧电压下限		
	$\Delta U_q =$	投切一组电容器引起的电压最大变化量		
	$\Delta U_u =$	分接头调节一挡引起的电压最大变化量		
	$\Delta Q_q =$	投切一组电容器引起的无功最大变化量		
	$\Delta Q_u =$	分接头调节一挡引起的无功最大变化量		
	$U_{GB} = (U+) - \Delta U_q =$			
	$U_{DB} = (U-) + \Delta U_q =$			
	$Q+ =$	主变压器无功上限		
	$Q- =$	主变压器无功下限		

序号	检验项目		施工单位自检结果	启委会验收组抽查结果	备注
3	分区策略（南瑞继保、电压优先模式为例）				
	1 区：电压越上限，无功正常	1. 下调分接头			
		2. 切除电容器			
	10 区：电压越上限，无功正常偏高，切除电容器将导致无功越上限	1. 下调分接头			
		2. 切除电容器			
	11 区：电压越上限，无功正常偏低，下调分接头将导致无功越下限	1. 切除电容器			
		2. 下调分接头			
	2 区：电压越上限，无功越上限	1. 下调分接头			
		2. 切除电容器			
	3 区：电压正常，无功越上限	1. 投入电容器			
		2. 不调节			
	30 区：电压正常偏高，无功越上限	1. 下调分接头			
		2. 不调节			
	31 区：电压正常偏低，无功越上限	1. 投入电容器			
		2. 不调节			
		3. 如果分接头不可调，则强投电容器			
	4 区：电压越下限，无功越上限	1. 投入电容器			
		2. 上调分接头			
	5 区：电压越下限，无功正常	1. 上调分接头			
		2. 投入电容器			
	50 区：电压越下限，无功正常偏低	1. 上调分接头			
		2. 投入电容器			
	51 区：电压越下限，无功正常偏高	1. 投入电容器			
		2. 上调分接头			
	6 区：电压越下限，无功越下限	1. 上调分接头			
		2. 投入电容器			
	7 区：电压正常，无功越下限	1. 切除电容器			
		2. 不调节			
	70 区：电压正常偏低，无功越下限	1. 上调分接头			
		2. 不调节			
	71 区：电压正常偏高，无功越下限	1. 切除电容器			
		2. 不调节			
	8 区：电压越上限，无功越下限	1. 切除电容器			
		2. 下调分接头			
	9 区：电压正常，无功正常	不调节			

序号	检验项目		施工单位自检结果	启委会验收组抽查结果	备注
	运行方式的识别（线变组接线、1号、2号主变压器为例）				
	1011 隔离开关				
	101 断路器				
	501 开关小车				
	501 断路器				
	1022 隔离开关				
	102 断路器				
	502A 开关小车				
	502A 断路器				
	502B 开关小车				
	502B 断路器				
	500A 开关小车				
	500A 断路器				
	500A1 小车				
	51AC 开关小车				
	51BC 开关小车				
	52AC 开关小车				
4	52BC 开关小车				
	1号主变压器带1号母运行	1号主变压器			
		51AC			
		51BC			
	1号主变压器带1号、2A号（2B号）母运行	1号主变压器			
		51AC			
		51BC			
		52AC			
		52BC			
	2号主变压器带2A号（2B号）母运行（502A合、502B分）	2号主变压器			
		52AC			
		52BC			
	2号主变压器带2A号（2B号）母运行（502A分、502B合）	2号主变压器			
		52AC			
		52BC			
	2号主变压器带1号、2A号（2B号）母运行（502A合、502B分）	2号主变压器			
		51AC			
		51BC			
		52AC			
		52BC			

续表

序号	检验项目		施工单位自检结果	启委会验收组抽查结果	备注
4	2 号主变压器带 1 号、2A 号（2B 号）母运行（502A 分、502B 合）	2 号主变压器			
		51AC			
		51BC			
		52AC			
		52BC			
	1 号、2 号主变压器并列运行（502A 合、502B 分）	1 号主变压器			
		2 号主变压器			
		51AC			
		51BC			
		52AC			
		52BC			
	1 号、2 号主变压器并列运行（502A 分、502B 合）	1 号主变压器			
		2 号主变压器			
		51AC			
		51BC			
		52AC			
		52BC			
5	VQC 出口试验				
	1 号主变压器分接头				
	2 号主变压器分接头				
	51AC				
	51BC				
	52AC				
	52BC				
6	主变压器并列同升同降				
	1 号、2 号主变压器并列运行时同升同降				
	1 号、2 号主变压器并列运行时错挡闭锁（超过 1 挡）				
	1 号、2 号主变压器并列运行时压差闭锁				
7	遥测闭锁和动作次数闭锁				
	主变压器过负荷或负荷轻（主变压器高压侧电流越限闭锁）				
	主变压器无功越限闭锁				
	母线过/欠电压闭锁（母线电压越限闭锁）				
	母线压差闭锁				
	日调挡次数闭锁				
	日投切次数闭锁				

续表

序号	检验项目	施工单位自检结果	启委会验收组抽查结果	备注
7	主变压器调档拒动闭锁			
	电容器拒动闭锁（3 次）			
	异常动作闭锁（非 VQC 动作）			
	调节失效闭锁（连续 3 次调节后遥测无变化）			
8	VQC 投退功能			
	后台遥控			
	VQC 总投入压板			
	1 号主变压器投入压板			
	2 号主变压器投入压板			
	51AC 电容器投入压板			
	51BC 电容器投入压板			
	52AC 电容器投入压板			
	52BC 电容器投入压板			
	VQC 总复归			
	调度遥控			
	VQC 总投入压板			
	1 号主变压器投入压板			
	2 号主变压器投入压板			
	51AC 电容器投入压板			
	51BC 电容器投入压板			
	52AC 电容器投入压板			
	52BC 电容器投入压板			
	VQC 总复归			
9	VQC 闭锁遥信功能			
	VQC 总闭锁			
	1 号主变压器闭锁			
	2 号主变压器闭锁			
	51AC 电容器闭锁			
	51BC 电容器闭锁			
	52AC 电容器闭锁			
	52BC 电容器闭锁			
10	其他功能要求			
	1. 能够记录动作前后的电压、无功、开关位置、挡位等参数，能够判别调节是否成功			

续表

序号	检验项目	施工单位自检结果	启委会验收组抽查结果	备注
10	2. 能够显示控制参数、运行参数、控制对象状态、异常状态、闭锁状态、各种动作时间及内容等			
	3. 具备时间分段方式，可以同时保存多套定值，并允许设置各套定值的有效日期范围，时间分段以分钟为最小单位，分段的数量和时段可任意设定			
	4. 具备负荷分段方式，分段的数量和负荷段可任意设定			
	5. 在调节控制侧电压时应兼顾另一侧的电压水平（220kV 三绕组变压器）			
	6. 多台主变压器中低压任一侧并列运行时，应采用主从方式同步调节多台主变压器分接头			
	7. 对电容器、电抗器的控制应该在满足控制要求的前提下，尽量实施循环投切，使投切操作均匀分布到每个元件			
	8. 对主变压器分接头和电容电抗器进行升降、投切操作前，应先进行预判，尽可能地避免反复升降或投切操作			
	9. 判别分区时，为了防止量测在临界区波动引起误动作，应人工设置确认时间（或采样次数），只有连续处于某个分区达到设定时间（或采样次数）的时候，才能认为某个模块运行状态处于某个分区			
11	其他问题			

监理单位验收意见：

启委会验收组验收意见：

合格：_____ 项
不合格：_____ 项

缺陷处理情况：

验收单位	质量验收结论	签名		
班组		年	月	日
施工队		年	月	日
项目部		年	月	日
监理		年	月	日
启委会验收组（只对所抽检分项工程签名确认）		年	月	日

9.3 智能远动 AVC 防误闭锁工程质量验收记录表

智能远动 AVC 防误闭锁工程质量验收记录表见表 9-2。

表 9-2 智能远动 AVC 防误闭锁工程质量验收记录表

产品型号（智能远动）		制造厂家				
程序版本		操作系统及版本				
序号	检验项目			施工单位自检结果	启委会验收组抽查结果	备注
1	软压板 （总投入软压板与间隔投入软压板同时投入时，根据闭锁逻辑闭锁 AVC 控制且发相关闭锁信号，退出时不闭锁 AVC 控制且不发闭锁信号）					
	AVC 防误闭锁功能总投入软压板					
	AVC 1A 号电容器组 51AC 开关防误闭锁功能投入软压板					
	AVC 1B 号电容器组 51BC 开关防误闭锁功能投入软压板					
	AVC 1 号电抗组 51L 开关防误闭锁功能投入软压板					
	AVC 2A 号电容器组 52AC 开关防误闭锁功能投入软压板					
	AVC 2B 号电容器组 52BC 开关防误闭锁功能投入软压板					
	AVC 2 号电抗组 52L 开关防误闭锁功能投入软压板					
2	软压板远方控制（遥信、遥控功能）					
	AVC 防误闭锁功能总投入软压板					
	AVC 1A 号电容器组 51AC 开关防误闭锁功能投入软压板					
	AVC 1B 号电容器组 51BC 开关防误闭锁功能投入软压板					
	AVC 1 号电抗组 51L 开关防误闭锁功能投入软压板					
	AVC 2A 号电容器组 52AC 开关防误闭锁功能投入软压板					
	AVC 2B 号电容器组 52BC 开关防误闭锁功能投入软压板					
	AVC 2 号电抗组 52L 开关防误闭锁功能投入软压板					
3	防误闭锁功能					
3.1	AVC 总闭锁（任意间隔满足闭锁条件时，发信）					
	AVC 总闭锁					
3.2	间隔总闭锁 （间隔内满足任意闭锁条件时，闭锁本间隔控制功能且发信）					
	AVC 1A 号电容器组 51AC 开关总闭锁					
	AVC 1B 号电容器组 51BC 开关总闭锁					
	AVC 1 号电抗器组 51L 开关总闭锁					

序号	检验项目	施工单位自检结果	启委会验收组抽查结果	备注
3.2	AVC 2A 号电容器组 52AC 开关总闭锁			
	AVC 2B 号电容器组 52BC 开关总闭锁			
	AVC 2 号电抗器组 52L 开关总闭锁			
3.3	母线电压越限闭锁参考值：			
	220kV 及以下电压等级变电站仅考虑 10kV/20kV 侧母线电压： 1. 3kV<10kV 母线<9.9kV 越下限（10kV 母线<3kV 视为母线检修，不闭锁） 2. 10kV 母线>10.8kV 越上限 3. 6kV<20kV 母线<19.8kV 越下限（20kV 母线<6kV 视为母线检修，不闭锁） 4. 20kV 母线>21.6kV 越上限 500kV 变电站考虑各侧母线电压： 1. 35kV 母线<34.65kV 越下限 2. 35kV 母线>37.8kV 越上限 其他侧电压限值暂时未出			
	AVC 1A 号电容器组 51AC 开关母线电压越上限合闸闭锁			
	AVC 1A 号电容器组 51AC 开关母线电压越下限分闸闭锁			
	AVC 1B 号电容器组 51BC 开关母线电压越上限合闸闭锁			
	AVC 1B 号电容器组 51BC 开关母线电压越下限分闸闭锁			
	AVC 1 号电抗器组 51L 开关母线电压越上限合闸闭锁			
	AVC 1 号电抗器组 51L 开关母线电压越下限分闸闭锁			
	AVC 2A 号电容器组 52AC 开关母线电压越上限合闸闭锁			
	AVC 2A 号电容器组 52AC 开关母线电压越下限分闸闭锁			
	AVC 2B 号电容器组 52BC 开关母线电压越上限合闸闭锁			
	AVC 2B 号电容器组 52BC 开关母线电压越下限分闸闭锁			
	AVC 2 号电抗器组 52L 开关母线电压越上限合闸闭锁			
	AVC 2 号电容器组 52L 开关母线电压越下限分闸闭锁			
3.4	电容、电抗互斥闭锁 （站内的电容器和电抗器应满足投入状态互斥要求，无论母线、主变压器处于何种运行方式，均不能存在电容器和电抗器同时处于运行状态）			
	AVC 1A 号电容器组 51AC 开关互斥合闸闭锁			
	AVC 1B 号电容器组 51BC 开关互斥合闸闭锁			
	AVC 1 号电容器组 51L 开关互斥合闸闭锁			
	AVC 2A 号电容器组 52AC 开关互斥合闸闭锁			
	AVC 2B 号电容器组 52BC 开关互斥合闸闭锁			
	AVC 2 号电容器组 52L 开关互斥合闸闭锁			
3.5	其他闭锁			
	电容器测控、电抗器测控装置失电或通信中断时，应闭锁			
	当对应保护装置闭锁或报警时，应闭锁			
	当对应开关处于就地控制状态时，应闭锁，包括测控屏及汇控柜/端子箱就地控制			
	当对应开关弹簧未储能时，应闭锁			

续表

序号	检验项目	施工单位自检结果	启委会验收组抽查结果	备注
3.5	当对应保护装置动作时，应闭锁			
	当对应开关出现 SF_6 泄漏、SF_6 压力低闭锁、SF_6 压力低告警、控制回路断线等异常信号时，应闭锁			
	电容/电抗器母线侧隔离开关分闸，应闭锁			
	电容/电抗器开关侧接地开关合闸，应闭锁			
	控制回路断线，应闭锁			
	其他需要闭锁控制的情况			

监理单位验收意见：

启委会验收组验收意见：

合格：_____项
不合格：_____项

缺陷处理情况：

验收单位	质量验收结论	签名
班组		年　　月　　日
施工队		年　　月　　日
项目部		年　　月　　日
监理		年　　月　　日
启委会验收组（只对所抽检分项工程签名确认）		年　　月　　日

10

网 络 交 换 机

10.1　变电站计算机监控系统网络概述

变电站计算机监控系统是指将二次设备（包括控制、保护、测量、信号、自动装置和远动装置）利用计算机和网络技术经过功能的重新组合和优化设计，对变电站执行自动监视、测量、防误、控制和协调的一种综合性自动化系统。其向上作为调度和集控中心的远方终端，同时站内又相对独立，自成网络体系。总体网络结构可分为集中式和分层分布式两种，目前广泛采用分层分布式结构，层与层之间相对独立又紧密联系，数据实现无缝传输。

根据二次设备通信协议的不同，监控系统可分为二次设备通信基于 IEC 60870−5−103 协议的常规变电站计算机监控系统和二次设备通信基于 DL/T 860 框架的二次设备网络化的数字化（智能化）变电站计算机监控系统。前者的系统网络结构分为两个层次，分别为间隔层和站控层；后者的系统网络结构可分为三个层次，分别为过程层、间隔层、站控层，层与层之间应相对独立。

网络拓扑结构可灵活采用星形、环形或两种相结合的方式。站控层、间隔层、过程层设备均应采用冗余配置的高速工业以太网方式组网，传输带宽应大于或等于 100Mbit/s，部分中心交换机之间的连接宜采用 1000Mbit/s 数据端口互联，可通过划分虚拟局域网（VLAN）或静态组播方式将网络分隔成不同的逻辑网段。各层网络均应具有良好的开放性，以满足与电力系统专用网络连接及变电站容量扩充等要求，宜采用双网双工方式运行，提高网络冗余度，实现网络无缝切换。且应优先采用通信效率高、可靠性好的信息交换技术，如负载自动平衡式的双网均流技术、GOOSE 协议等。

采用 IEC 60870−5−103 协议的常规变电站计算机监控系统，间隔层设备通过交换机与站控层以太网连接，在站控层网络失效的情况下，间隔层应能独立完成就地数据的监测和断路器控制功能。测控装置和保护装置共同组网，距离控制室大于 100m 的继保小室应采用光纤网络连接。220kV 及以上变电站的继电保护故障及信息子系统独立组网，不与监控系统共网传输。

220kV 变电站计算机监控系统典型网络结构图如图 10−1 所示。

85

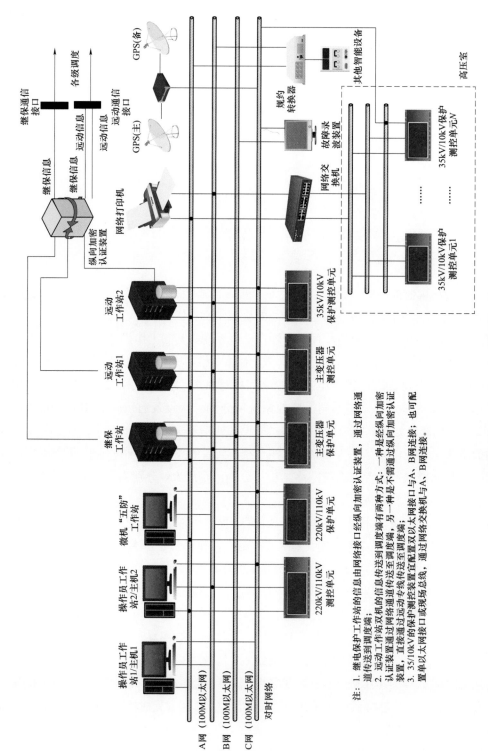

图 10—1 220kV 变电站计算机监控系统典型网络结构图

注：1. 继电保护工作站的信息由网络接口经纵向加密认证装置，通过网络通道传送到调度端；

2. 远动工作站的信息通过通信通道传送至调度端；一种是经纵向加密认证装置，直接通过远动专线传送至调度端；另一种是不需通过纵向加密认证装置，通过网络交换机与A、B网连接，也可配置单以太网接口或现场总线，通过网络交换机与A、B网连接。

3. 35/10kV的保护测控装置宜配置双以太网接口与A、B网连接；

采用 DL/T 860 标准的数字化（智能化）变电站计算机监控系统，间隔层设备通过交换机与站控层以太网连接，过程层设备独立组网。站控层网络主要传输 MMS 和 GOOSE 两类信号，过程层网络主要传输 GOOSE 和 SV 两类信号，GOOSE 信号和 SV 信号可分别组网，也可合并组网，但应根据流量和传输路径分为若干个逻辑子网，保证网络的实时性和可靠性。智能变电站计算机监控系统典型网络结构图如图 10-2 所示。

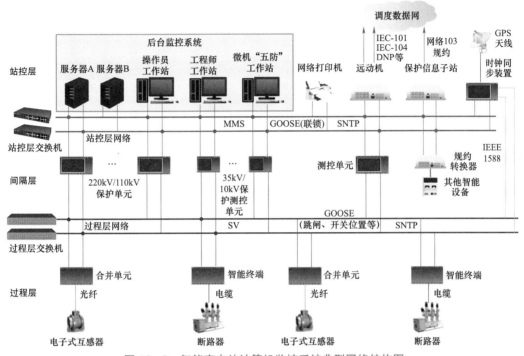

图 10-2   智能变电站计算机监控系统典型网络结构图

变电站计算机监控系统的建设应以信息数字化、通信平台网络化、信息共享标准化为目标，采用 DL/T 860 标准和分层分布式架构，以满足智能电网对变电站的基本要求，为将来扩展高级功能、建设更高一级的智能化变电站奠定基础。

10.2   网络交换机的基本功能

网络交换机是完成变电站计算机监控系统各层设备和系统间通信链路建立，实现数据交互，并控制系统网络数据流量的主要设备。其主要功能有：① 提供符合 IEEE802.3 标准的电接口或光接口；② 支持基于线型、星型、环型三种基本拓扑结构组网；③ 数据包过滤和转发；④ 优先级 QoS 设置；⑤ 网络风暴抑制；⑥ 划分虚拟局域网 VLAN；⑦ 静态组播方式实现报文过滤；⑧ 多端口镜像；⑨ 用户权限管理、密码管理、安全 Web 界面登录等通信安全管理功能；⑩ 网络管理功能；⑪ 自诊断功能；⑫ SNTP 对时功能；

⑬ 支持配置文件导入导出；网络交换机主要功能思维导图如图 10-3 所示。

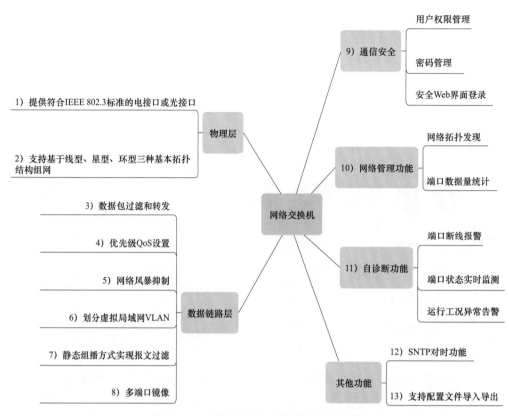

图 10-3 网络交换机主要功能思维导图

10.3 网络交换机（含过程层）工程质量验收记录表

网络交换机（含过程层）工程质量验收记录表见表 10-1。

表 10-1　　　　　　网络交换机（含过程层）工程质量验收记录表

产品型号						出厂编号			
制造厂家						安装位置			
序号	工序	检验项目	性质	质量标准		检验方法及器具	施工单位自检结果	启委会验收组抽查结果
				验收结果	合格要求			
1	资料检查	出厂试验报告、合格证、图纸资料、技术说明书，装箱记录、开箱记录等检查	主要		齐全、正确	查阅、记录，监理工程师签字确认并保存		

续表

序号	工序	检验项目	性质	质量标准		检验方法及器具	施工单位自检结果	启委会验收组抽查结果
				验收结果	合格要求			
2	工作电源检查	交换机工作电源	主要		额定值范围内变化	1. 查看装置电源指示灯是否正常; 2. 检查电源插头及接线的可靠性(或电源线与端子连接有无松动现象),电源线是否老化,插头及插座铜片是否氧化或受污染; 3. 用万用表测量装置电源的供电电压		
3		A、B 网交换机电源来自不同直流段	主要		A、B 网交换机电源分别来自第一组和第二组直流	依次断开直流屏第一组交换机电源、第二组交换机电源,检查 A 网交换机和 B 网交换机分别掉电		
4	抗干扰措施的检查	交换机抗干扰措施检查	主要		无击穿现象,接地可靠	检查工作电源的二次防雷器是否发生击穿现象,接地线是否可靠接入		
			主要		0Ω	测量机柜接地母线铜排与主接地网的电阻值		
			主要		0Ω	装置外壳与接地母线铜排的电阻值		
5	装置告警、工作指示灯正确性检查	交换机装置告警、工作指示灯正确性检查	主要	运行指示正常,无异常告警		面板上电源指示灯亮		
6			主要	运行指示正常,无异常告警		连接上电装置端口的LINK/ACT 灯亮或闪亮		
7			主要	运行指示正常,无异常告警		STATUS 灯亮(交换机工作)		
8	网络交换机网络风暴抑制功能	检查交换机的网络风暴抑制设置	主要		抑制值为设置值	登入交换机控制台,检查设置	记录表采用交换机截图	
9	交换机 802.3q 优先级处理功能	检查交换机802.3q 优先级处理功能设置	主要		已设置 802.3q 优先级处理功能	登入交换机控制台,检查设置		
10	VLAN 或静态组播功能	检查交换机VLAN 或静态组播功能	未设置VLAN 或静态组播时该项忽略		VLAN 设置符合要求	检查交换机 VLAN 配置表或静态组播表		
11	端口镜像功能	检查中心交换机端口镜像功能	针对配有态势感知系统或智能录波器的站		已开启需要的端口映射	登入中心交换机控制台,检查设置;同时在态势感知管理机或智能录波器测试报文监听功能		
12	管理 IP 设置	检查交换机管理 IP 设置正确	主要		每台交换机单独设置不同的管理 IP,账号密码应符合网络安全要求	在监控后台或专用维护电脑登入交换机管理设置界面,按网络安全要求进行设置		

续表

序号	工序	检验项目	性质	质量标准		检验方法及器具	施工单位自检结果	启委会验收组抽查结果
				验收结果	合格要求			
13	开启 SNMP、SNMP trap、Syslog 服务	检查交换机 SYSLOG/SNMP/ SNMP Trap 基本信息的设置	主要		已开启需要的服务	登入交换机控制台,检查设置		
14	交换机统一化配置工具检查	检查统一化配置工具的可靠性和准确性	主要		配置工具与交换机连接稳定、流畅,参数修改准确、可靠	使用配置工具修改交换机参数		
15	网络负荷测试	网络负荷率	主要		正常情况:≤30%;事故状态:≤50%	通过网络测试仪查看一段时间内的网络正常负荷率和事故负荷率		
16		网络负荷曲线	主要		检查设备在网络中是否一直保持正常通信,是否出现通信异常	查看一段时间内网络通信设备(前置机或远动工作站、后台和交换机等)的网络负荷率曲线平稳,没有大幅突变		
17	通信故障恢复时网络性能	装置通信中断恢复	主要		测试单台装置重新建立网络连接所需要的时间	拔除装置的通信电缆,然后重新接入,记录装置恢复通信的时间		
18		交换机重新启动	主要		测试单台交换机重启所需时间,重新启动后网络流量有多大	重启单台交换机,记录重启时间及重启的网络流量		
19	外回路、标识检查	电源回路	主要		各路电源配置独立空气开关,冗余配置的单电源设备,电源分别来自不同的直流母线,且电源电缆走向标识清晰	检查接线、图纸		
20		标识检查	主要		尾纤、以太网标识正确,无走线错误;VLAN 划分表是否塑封贴于屏柜内;光纤回路走向表是否塑封贴于屏柜内	检查尾纤、以太网线走线标识是否正确;标识是否完整		
21	外回路、标识检查	备用网口检查	主要		每台交换机保留网口总数的 20% 作为备用网口	检查交换机备用网口数量		
22		未使用网口封堵检查	主要		每台交换机的未使用网口需封堵	检查交换机的未使用网口是否采用有效手段封堵		
23		级联光缆检查	主要		不同网络不得共用级联光缆。各级联光缆留有 1 组已熔接的备用接口	检查级联光缆接线		

续表

序号	工序	检验项目	性质	质量标准		检验方法及器具	施工单位自检结果	启委会验收组抽查结果
				验收结果	合格要求			
24	外回路、标识检查	级联跨度检查	主要		任意 2 个 IED 设备间交换机级联数不超过 4 个	检查 IED 设备连接监控后台、智能远动机的网络级联级数		
25		网络结构检查	主要		各级交换机连接呈星形结构	检查各级交换机之间的连接方式		
26		跨网互联检查	主要		检查网络结构分级分层是否与图纸一致，各层网络的交换机标识清楚，不同网络的交换机无电气连接	检查图纸、标识，把同一网络的所有交换机关闭，检查其他网是否有装置中断现象		

监理单位验收意见：

启委会验收组验收意见：

合格：_____项
不合格：_____项

缺陷处理情况：

验收单位	质量验收结论	签名		
班组		年	月	日
施工队		年	月	日
项目部		年	月	日
监理		年	月	日
启委会验收组 （只对所抽检分项工程签名确认）		年	月	日

11

////////

通 讯 管 理 机

11.1　通 讯 管 理 机 概 述

通讯管理机也叫规约转换器,它的主要作用是将其他的规约转换成集成商综合自动化系统可以识别的规约。通讯管理机一般常见的接入规约包括 DL/T 规约、MODBUS 规约、IEC 103 规约等。规约转换器主要用于各种自动化网络通信场合,进行通信规约的转换。通过 RS-232/422/485 等串行接口以及以太网接口与继电保护装置、交流屏、电度表、直流屏等智能设备进行数据通信,经程序处理后通过以太网口或串口,按照指定的通信规约标准送往监控后台或远动系统。通讯管理机不仅可以实现各种自动化装置、智能化仪表、变电站智能辅助设备等和系统主计算机间的信息传递、合成、编辑、管理和设备监控功能,还可作为综合自动化系统总控型子站和前置机使用。

主要功能:① 支持智能设备接入的规约解析,主要包括 MODBUS 规约、IEC 102 规约、IEC 103 规约、主要保护制造厂家的规约协议以及其他未提及的规约;② 支持向远动系统、监控后台系统等转出数据,主要规约包括 IEC 61850 规约、DL/T 667—1999（IEC 60870-5-103）规约等;③ 在接入设备支持的情况下,支持双网冗余接入和转出;④ 根据工程配置需求自动建模,并以 IEC 61850 规约输出;⑤ 支持 RTU 类设备接入的规约解析,主要包括 IEC 101 规约、IEC 104 规约、MODBUS 规约等。通讯管理机主要功能思维导图如图 11-1 所示。

图 11-1　通讯管理机主要功能思维导图

主要特点：① 具有多网络、多串口功能，满足各种场合的硬件需求；② 具有多规约功能，实现多种国际、国内部颁通信规约及其他设备厂商的内部通信规约；③ 具备冗余的供电系统、方便灵活的调试组态及手段；④ 具备远程调试维护功能及黑匣子功能，方便捕捉命令及记录事件。

随着智能变电站的大规模推广，现阶段厂站内使用的绝大部分智能设备都支持电力行业标准 IEC 61850 规约，但是还有部分厂家的规约并非标准 IEC 61850 规约，此时就需要使用到通讯管理机进行规约转换。通讯管理机的应用也构成了变电站设备的智能化、互动化、网络化的重要组成部分。

11.2 通讯管理机工程质量验收记录表

通讯管理机工程质量验收记录表见表 11-1。

表 11-1   通讯管理机工程质量验收记录表

产品型号						制造厂家			
程序版本						安装位置			
序号	工序	检验项目	性质	质量标准		检验方法及器具	施工单位自检结果	启委会验收组抽查结果
				验收结果	合格要求			
1	资料检查	出厂试验报告、合格证、图纸资料、技术说明书；型式试验报告；装箱记录、开箱记录	主要		应完整、齐全，具备预验收报告、工厂验收报告	查阅、记录，监理工程师签字确认并保存		
2	装置外观及接线检查	装置硬件配置检查	主要		设备型号、外观、数量需满足项目合同所列的设备清单	检查设备型号、外观、数量，核对是否满足项目合同所列的设备清单		
3		装置安装质量	主要		安装牢固，与一、二次地网可靠连接	检查紧固螺栓、承重板		
4		装置外观、按键、显示	主要		外观清洁无破损，按键操作灵活、正确，液晶显示清晰、亮度正常，标示清晰、正确	检查装置外观、按键		
5		装置标识检查	主要		包含地址、接入设备标识等	检查标识，接入设备标识清晰、正确		
6		装置外部接线及沿电缆敷设路径上的电缆标号检查	主要		端子排的螺栓应紧固可靠，无严重灰尘、无放电痕迹；接线应与图纸资料吻合；电缆标示应正确、完整、清晰	检查端子排、接线、电缆标示		

续表

序号	工序	检验项目	性质	质量标准		检验方法及器具	施工单位自检结果	启委会验收组抽查结果
				验收结果	合格要求			
7	接地检查	装置接地检查	主要		逻辑地（逻辑地、通信信号地）应接于二次铜排	检查二次铜排所接设备		
8			主要		常规地（设备外壳、屏蔽层、电源接地等）应接于一次铜排	检查一次铜排所接设备		
9	工作电源检查	供电电源检查	主要		各路电源配置独立空气开关，冗余设备的电源分别取自不同母线，可配置电源防雷，防雷装置应具备故障指示	检查直流供电		
10		供电回路检查	主要		电源电缆带屏蔽层，无寄生回路、标示清晰，各回路对地及回路之间的绝缘阻值均应不小于10MΩ	检查电源电缆规格型号，采用1000V绝缘电阻表，测试回路对地和回路间的绝缘电阻，电源空气开关选型及标识正确		
11	抗干扰措施的检查	检查装置外壳接地电阻值	主要		装置外壳与接地母线铜排的电阻值应为零	用万用表测量装置外壳与接地母线铜排的电阻值		
12		检查防雷	主要		通道防雷安装牢固、接线正确，无损坏，可配置电源防雷，防雷装置应具备故障指示	检查接线正确，无损坏		
13	版本检查	程序的版本检查	主要		版本符合系统运行部下发的版本要求	查看装置程序版本		
14	地址检查	检查装置地址	主要		装置地址设置正确	查看装置地址设置		
15	校时测试	检查对时功能	主要		装置对时误差应小于1ms	检查装置与同步时钟已对时正确		
16	运行工况指示检查	装置面板及运行指示灯检查	主要		面板与各指示灯显示与说明书一致，符合技术协议要求	根据装置说明书核对装置液晶屏显示及各指示灯工作状况		
17	通信状态检查	检查与接入设备的通信状态	主要		能正确显示接入设备的通信状态	所接装置逐一断电（或拔出网线），能正确反映通信状态的信号变位		
18	装置重启测试	装置启动检查	主要		装置启动时无异常信号上送	重启装置		
19		自恢复检查	主要		网络中断或掉电重启，规约转换装置自恢复，恢复时间＜5min	重启装置、断开网络		
20	规约转换基本功能检查	规约转换基本功能检查	主要		经过规约转换的装置应能与后台、远动通信，且转换后"四遥"功能正常	查看装置接线，在监控后台检查接入装置的遥信、遥测、遥调或遥控信号		

序号	工序	检验项目	性质	质量标准		检验方法及器具	施工单位自检结果	启委会验收组抽查结果
				验收结果	合格要求			
21	网络安全检查	防护跨区互联检查	主要		核查是否有同时用网线连接不同安全分区的情况	现场核实网线走向和网线标签的正确性，禁止设备跨区互联		
22		高危漏洞风险排查	主要		检查确认装置已知安全漏洞的风险防控措施落实情况，确认设备是否为被国家通报的存在重大安全漏洞的产品	检查记录相关的软硬件信息，与相关的网络安全专员进行信息核对		
23		硬件接口检查	主要		关闭不必要的硬件接口	关闭不必要的USB接口，未使用的网络端口进行软硬件封堵		
24	装置异常告警	检查装置失电告警	主要		告警响应正确、及时	关闭装置电源，检查失电告警信号		
25		检查装置异常告警	主要		告警响应正确、及时	模拟装置异常现象，检查异常告警信号		
26	参数定值检查	参数定值检查	主要		与系统运行部下发参数定值一致	检查装置、组态		
27	结合反措检查	结合反措检查	主要		结合网、省、地市三级调度反措发文进行检查	不涉及反措发文的型号版本，现场验证装置无反措发文的事故现象		
28	工作备份	配置、现场图片备份	主要		配置文件正齐全，台账图片清晰	相关配置备份至指定目录，台账图片要求装置型号、标签和空气开关字体显示清晰		
29	除尘	装置及屏柜除尘	主要		屏柜内无任何杂物、无异味，装置机箱表面无积尘、油渍和水渍	屏柜内无任何杂物、无异味，装置机箱表面无积尘、油渍和水渍		

监理单位验收意见：

启委会验收组验收意见：

合格：_____项

不合格：_____项

缺陷处理情况：

验收单位	质量验收结论	签名	
班组		年　月　日	
施工队		年　月　日	
项目部		年　月　日	
监理		年　月　日	
启委会验收组（只对所抽检分项工程签名确认）		年　月　日	

12

////////////

时 间 同 步 系 统

12.1 时间同步系统概述

时间同步系统有多种组成方式，其典型形式有基本式、主从式、主备式三种。

基本式时间同步系统由一台主时钟和信号传输介质组成，为被授时设备或系统对时，如图 12-1 所示。主时钟应能接收上一级时间同步系统下发的地面时间基准信号。

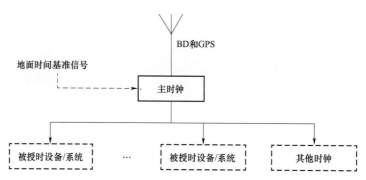

图 12-1　基本式时间同步系统的组成

主从式时间同步系统由一台主时钟、多台从时钟和信号传输介质组成，用以为被授时设备或系统对时，如图 12-2 所示。根据实际需要和技术要求，主时钟可设用以接收上一级时间同步系统下发的地面时间基准信号的接口。

主备式时间同步系统由两台主时钟、多台从时钟和信号传输介质组成，为被授时设备或系统对时，如图 12-3 所示。根据实际需要和技术要求，主时钟可留有接口，用来接收上一级时间同步系统下发的地面时间基准信号。

各电压等级的变电站的时间同步系统应统一配置，站内各业务系统使用统一的时间同步装置，不同电压等级的变电站时间同步系统的配置见表 12-1。

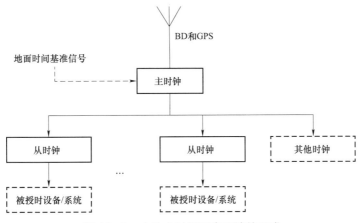

图 12-2　主从式时间同步系统的组成

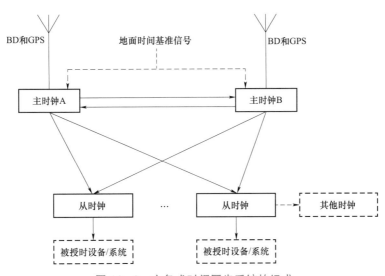

图 12-3　主备式时间同步系统的组成

表 12-1　　　　　　　　　　变电站时间同步系统的配置

变电站等级	时间同步的组成方式
110kV 及以上	主备式
35kV 变电站	基本式或主从式

时间同步装置主要由接收单元、时钟单元和输出单元三部分组成，如图 12-4 所示。

图 12-4　时间同步装置的基本组成

接收单元:时间同步装置的接收单元以接收的卫星或地面时间基准信号作为外部时间基准。主时钟的接收单元由天线、馈线、低噪声放大器（可选）、防雷保护器（可选）和接收器等组成。从时钟的接收单元由输入接口和时间编码（如 IRIG-B 码）的解码器组成。

时钟单元：接收单元接收到外部时间基准信号后，时钟单元按优先顺序选择外部时间基准信号作同步源，将时钟牵引入跟踪锁定状态，并补偿传输延时，输出与其同步的时间同步信号和时间信息。如接收单元失去外部时间基准信号，则时钟进入守时保持状态。此时，时钟仍能保持一定的时间准确度，并输出时间同步信号和时间信息。外部时间基准信号恢复后，时钟单元自动结束守时保持状态，并被外部时间基准信号牵引入跟踪锁定状态。

输出单元：输出单元输出各类时间同步信号和时间信息、状态信号和告警信号，也可以显示时间、状态和告警信息。

12.2　时间同步系统工程质量验收记录表

时间同步系统工程质量验收记录表见表 12-2。

表 12-2　　　　　　　　　　时间同步系统工程质量验收记录表

产品型号						制造厂家			
程序版本						所属间隔			
序号	工序	检验项目	性质	质量标准		检验方法及器具	施工单位自检结果	启委会验收组抽查结果
				验收结果	合格要求			
1	资料检查	出厂试验报告、合格证、图纸资料、技术说明书、装箱记录、开箱记录等检查	主要		齐全、正确	查阅、记录，监理工程师签字确认并保存		
2	装置外观及接线检查	装置硬件配置检查	主要		设备型号、外观、数量需满足项目合同所列的设备清单	检查设备型号、外观、数量，核对是否满足项目合同所列的设备清单		
		装置安装质量	主要		主时钟系统独立组屏，安装牢固、无变形，柜门旋转灵活；插件、把手、空气开关等安装牢固，操作灵活可靠	检查紧固螺栓与承重板，检查插件、把手、空气开关等安装牢固，操作灵活可靠		
		装置外观、按键、显示	主要		外观清洁无破损，按键操作灵活、正确，液晶显示清晰，标识清晰、正确	检查键盘、液晶显示屏		
		二次回路接线检查	主要		二次接线应该整齐美观，端子排的螺栓及接线应紧固可靠，二次接线应与设计图纸相符，无积尘、受潮及放电痕迹	检查端子排、二次接线及设计图纸		

续表

序号	工序	检验项目	性质	质量标准		检验方法及器具	施工单位自检结果	启委会验收组抽查结果
				验收结果	合格要求			
2	装置外观及接线检查	屏体及电缆标识检查	主要		屏体标识正确、完整、清晰，并应与图纸标识内容相符；电缆标识应正确、完整、清晰，与图纸资料相符。对时线走向标识与实际一致	检查屏体标识、电缆标识、对时线标识是否正确、完整、清晰		
3	工作电源检查	供电电源检查	主要		冗余配置的主时钟装置电源必须取自不同直流母线段的直流电源；对于配置双电源模块的主时钟、扩展时钟装置，其双电源模块应取自同一路直流电源；各路电源配置独立空气开关	检查交、直流供电检查是否满足要求		
		供电回路检查	主要		电源电缆带屏蔽层，电源电缆芯线截面积不小于 2.5m²，回路无寄生、标识清晰，各回路对地及各回路之间的阻值均应不小于10MΩ	检查电源电缆规格型号，采用 1000V 绝缘电阻表，检测回路对地及其他回路电阻		
		装置工作电源瞬间掉电和恢复	主要		装置断电恢复过程中无异常，通电后工作稳定正常	拔掉装置电源，恢复后观察过程中有无异常，观察通电后装置是否稳定正常		
4	装置接地检查	装置接地检查	主要		逻辑地（逻辑地、通信信号地）应接于绝缘铜排	检查绝缘铜排所接设备		
					常规地（设备外壳、屏蔽层、电源接地等）应接于非绝缘铜排；装置外壳与接地母线铜排的电阻值应为零	检查非绝缘铜排所接设备；检测装置外壳与接地母线铜排的电阻值		
5	卫星天线检查	卫星天线安装及连接正确性、室外电缆检查	主要		安装地点开阔，无明显遮挡物，接收器安装处水平面以上 2m 之内不得有金属物（含另一个接收器和防雷线）；接收器与装置连接的电缆，处于露天部分必须穿管，接驳处必须有护套；天线需通过防雷器接入主时钟	检查实际安装位置及防雷器是否正确安装，检查露天部分电缆是否穿管及接驳处是否有护套		
6	面板及信号检查	面板及工况指示灯检查	主要		正确显示时间、外部信号、各路输出状况；正确显示装置运行状态	检查液晶面板内显示时间、外部信号、各路输出状况是否正确；检查运行、同步指示灯，核对工作状态		
		输入信号检查	主要		主时钟之间 B 码互连备用	检查主时钟之间是否通过 B 码互联互为备用		

续表

序号	工序	检验项目	性质	质量标准		检验方法及器具	施工单位自检结果	启委会验收组抽查结果
				验收结果	合格要求			
6	面板及信号检查	电源中断告警检查	主要		关闭电源后应有对应的告警信号输出，如电源中断接点输出，并上送监控后台及调度主站	关闭装置电源，检查监控后台及调度主站告警信号		
		卫星时间同步信号消失告警检查	主要		装置、监控后台和调度主站告警正常	断开天线，检查装置、监控后台和调度主站告警是否正常		
		外部 B 码信号消失告警检查	主要		装置、监控后台和调度自动化系统告警正常	断开外部 B 码输入检查装置、监控后台和调度主站告警是否正常		
		主时钟发出对时信号检查	主要		检查主时钟发送给测控装置、保护装置、智能终端、安全自动装置等被授时装置的对时信号是否正常	检查各被授时装置的对时信号是否正常		
7	时钟源结构切换及失步功能检查	时钟源结构检查	主要		当主时钟能接收卫星信号时，优先采用卫星信号；当卫星信号无法接收时，切换至使用外部 B 码作为基准；主时钟菜单能设置时间基准优先级	切换主时钟两路卫星信号和外部 B 码信号；检查主时钟菜单是否能设置时间基准优先级		
		主时钟时标源切换及失步功能检查	主要		主时钟所接三个对时源（北斗天线、GPS 天线、外部 B 码对时），任意两个断开，主时钟均能正确接收时标信息并输出对时信号；主时钟所有对时源断开后，应能自保持时钟并继续输出对时信号	任意断开主时钟两路卫星信号和外部 B 码信号中的两个，检查主时钟均能正确接收时标信息并输出对时信号。断开主时钟所有对时源后，检查主时钟是否能自保持时钟并继续输出对时信号		
		扩展装置（从时钟）信号切换检查	主要		接收两路 B 码信号切换正常，关闭一个主时钟，扩展装置（从时钟）仍能正常接收对时信号	切换扩展装置两路 B 码信号		
8	装置性能测试	捕获时间测试	主要		冷启动时，不少于 4 颗卫星，热启动时，不少于 1 颗卫星；热启动小于 2min，冷启动小于 5min	拔掉外部时间基准信号，检查外部时间基准信号从消失到恢复时间。重启装置，检查外部时间基准信号恢复的时间		
		脉冲宽度测试	主要		主时钟采用北斗对时方式，主时钟 1PPS 脉冲信号：（差分电平）脉冲宽度范围为 10～200ms	时间同步系统测试仪检查		
			主要		主时钟采用 GPS 对时方式，主时钟 1PPS 脉冲信号：（差分电平）脉冲宽度范围为 10～200ms	时间同步系统测试仪检查		

续表

序号	工序	检验项目	性质	质量标准		检验方法及器具	施工单位自检结果	启委会验收组抽查结果
				验收结果	合格要求			
8	装置性能测试	精度测试	主要		主时钟采用北斗对时方式，IRIG－B（DC）时码准时上升沿的时间准确度不大于1μs	时间同步系统测试仪检查		
					主时钟采用北斗对时方式，1PPS脉冲信号（差分电平）上升沿的时间准确度不大于1μs	时间同步系统测试仪检查		
					主时钟采用GPS对时方式，IRIG－B（DC）时码准时上升沿的时间准确度不大于1μs	时间同步系统测试仪检查		
					主时钟采用GPS对时方式，1PPS脉冲信号（差分电平）上升沿的时间准确度不大于1μs	时间同步系统测试仪检查		
		守时稳定度测试	主要		主时钟（扩展时钟）10min时间守时精度	确保主时钟（扩展时钟）正常运行的情况下拔掉天线（对时信号），测试应优于9.2μs/10min		
					主时钟（扩展时钟）1h时间守时精度	确保主时钟（扩展时钟）正常运行的情况下拔掉天线（对时信号），测试应优于55μs/1h		
					主时钟（扩展时钟）24h时间守时精度	确保主时钟（扩展时钟）正常运行的情况下拔掉天线（对时信号），测试应优于1320μs/24h		
		时间信号切换及闰年解析测试	重要		测量在失去北斗及GPS卫星时间同步对时的情况下变电站装置的输出，时钟单元仍能输出正确的时间同步信号和时间信息，这些时间同步信号应不出错，时间信息应无错码，脉冲码不多发或少发	拔掉外部时间基准信号，检查外部时间基准信号从消失到恢复时，标准时间同步钟本体和时标信号扩展装置应自动切换到正常状态工作，测试切换时间小于0.5s，并检测切换时输出的时间同步信号，时间报文不得有错码，脉冲码不得多发或少发		
					主时钟具备闰年解析功能	模拟闰年及非闰年年份输入，主时钟应能正确解析		
					授时稳定性测试，主时钟应能输出稳定的授时脉冲	使用时间同步测试仪，连续测试72h，主时钟应能输出稳定的授时脉冲		

续表

序号	工序	检验项目	性质	质量标准		检验方法及器具	施工单位自检结果	启委会验收组抽查结果
				验收结果	合格要求			
9	防护跨区互联检查	防护跨区互联检查	主要		时钟装置不存在通过网线连接到其他安全分区的情况	核查主时钟、扩展时钟装置网线走向和网线标签的正确性，避免单装置跨区互联		

监理单位验收意见：

启委会验收组验收意见：

合格：_____项
不合格：_____项

缺陷处理情况：

验收单位	质量验收结论	签名
班组		年　月　日
施工队		年　月　日
项目部		年　月　日
监理		年　月　日
启委会验收组（只对所抽检分项工程签名确认）		年　月　日

13

交流不间断电源系统（UPS）

13.1　交流不间断电源系统（UPS）概述

电力专用 UPS 电源系统用于电力系统变电站内重要的自动化系统交流负载，在较极端的站内工况下，仍然可以保证重要交流负载的正常运行，进而保证站内自动化 SCADA 等系统的可靠运行。电力专用 UPS 电源系统的电源来源主要有两个：一是站内交流配电系统，二是站内直流电源系统。正常运行工况下，电力专用 UPS 电源系统的带载能力主要来源于交流系统，来源于不同段交流母线的交流电源经电源切换后整流逆变，变为稳定的 50Hz 交流输出。在交流失去的情况下，直流系统蓄电池作为电力专用 UPS 系统的电源，经由逆变输出为交流继续带载，保障接入的交流负载可靠运行。

变电站自动化系统的交流不间断电源系统由电力专用不间断电源和交直流输入单元、交流输出单元等外围设备组成。UPS 电源由整流器、逆变器、静态旁路切换开关、输入输出隔离变压器、监控单元、内置防雷器、防反充电二极管、与外系统的通信接口等组成。交直流输入单元由交流输入自动切换装置、交流输入断路器、旁路输入断路器、维修旁路断路器、直流输入断路器、旁路稳压器等组成。交流输出单元由交流输出断路器、交流馈线开关、母联开关、测量表计等组成。其整体结构示意图如图 13-1 所示，本验收文档适用于双机双母线带母联运行方式接线。

其中，K1、K6 是交流输入断路器，K2、K7 是直流输入断路器，K3、K8 是旁路输入断路器，K4、K9 是维修旁路断路器，K5、K10 为交流输出断路器，K11 为母联断路器。UPS 功能主要思维导图如图 13-2 所示。

随着变电站自动化系统对交流不间断系统可靠性要求的日益提升，双机双母线带母联运行方式接线成为电力系统变电站内 UPS 系统的主流接线形式。UPS 系统的监控报警信息由传统的硬节点信息经测控送至 SCADA 系统变化为经由 IEC 61850 通信模块进行网络报文通信，使得监控系统信息的传递方式也日益多样化，信息传递更为精细化。

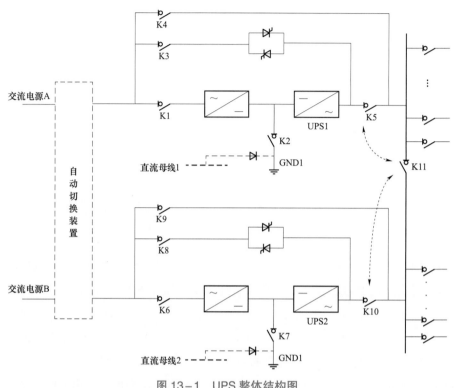

图 13-1 UPS 整体结构图

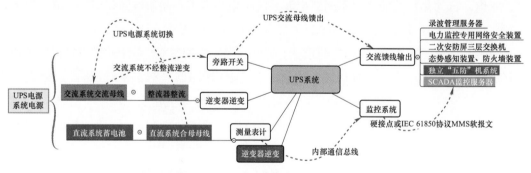

图 13-2 UPS 功能主要思维导图

13.2 交流不间断电源系统（UPS）工程质量验收记录表

交流不间断电源系统（UPS）工程质量验收记录表见表 13-1。

表 13-1　　　　　　　　交流不间断电源系统（UPS）工程质量验收记录表

产品型号						制造厂家			
程序版本						安装位置			

序号	工序	检验项目	性质	质量标准		检验方法及器具	施工单位自检结果	启委会验收组抽查结果
				验收结果	合格要求			
1	资料检查	出厂试验报告、合格证、图纸资料、技术说明书，装箱记录、开箱记录等检查	主要		齐全、正确	查阅、记录，监理工程师签字确认并保存		
2	外观及接线检查	装置硬件配置检查	主要		设备型号、外观、数量需满足项目合同所列的设备清单	检查设备型号、外观、数量，核对是否满足项目合同所列的设备清单		
3		装置安装质量	主要		安装牢固	检查紧固螺栓与承重板		
4		装置外观、按键、显示	主要		装置正常工作，内部电压输出正常，面板指示灯指示正确。外观清洁无破损，按键操作灵活、正确，液晶显示清晰，标示清晰、正确	检查装置外观、按键		
5		装置外部接线及沿电缆敷设路径上的电缆标号检查	主要		端子排的螺栓应紧固可靠，无严重灰尘、无放电痕迹	检查端子排、接线、电缆标示		
6		图实一致性检查	主要		二次接线应与设计图纸相符。原理接线图、二次回路安装图、电缆敷设图等全部图纸，要求现场实际接线与设计图纸相符	对照施工图纸、厂家原理图纸与现场实际接线检查		
7		电缆共用原则检查	主要		交、直流的二次线不得共用电缆；动力线、电热线等强电线路不得与二次弱电回路共用电缆	对照设计图纸与现场实际接线检查		
8		接线工艺检查	主要		不同截面积的电缆芯，不许接入同一端子。相同截面积电缆芯接入同一端子接线不宜超过两根。所有端子接线稳固。二次回路电缆不得多次过渡、转接	检查端子排，电缆芯实际接线工艺		
9	装置接地检查	装置接地检查	主要		逻辑地（逻辑地、通信信号地）应接于绝缘铜排	检查绝缘铜排所接设备		
10			主要		常规地（设备外壳、屏蔽层、电源接地等）应接于非绝缘铜排	检查非绝缘铜排所接设备		

序号	工序	检验项目	性质	质量标准		检验方法及器具	施工单位自检结果	启委会验收组抽查结果
				验收结果	合格要求			
11	UPS 配置检查	UPS 电源配置检查	主要		（1）由 UPS 电源供电的设备应按照负载均分原则，将设备分别接到 UPS 电源输出的两段母线上。 （2）双电源设备的两路交流输入电源应分别接到 UPS 电源输出的两段母线上。 （3）单电源冗余配置的设备，其交流输入电源应分别接到 UPS 电源输出的两段母线上。 （4）普通单电源非冗余配置的设备应根据负载均分原则分别接到 UPS 电源输出的两段母线上。 （5）重要单电源非冗余设备可经过小型机架式 STS 接到 UPS 电源输出的两段母线上。 （6）由 UPS 电源系统供电的所有设备，应采用一路馈线开关对应一台设备，该路馈线开关不得与其他设备共用	检查 UPS 屏电源配置		
12		UPS 屏接入设备检查	主要		由 UPS 电源系统供电的设备包括变电站内 SCADA 系统（后台监控系统、远动系统，"五防"系统）、调度数据网、综合数据网网络安全防护设备，部署的其他服务器及其附属交换机设备（交流电源形式）、站内火灾报警系统的总控制单元、门禁系统等不能中断供电电源的重要生产设备。变电站遥视系统主机、交换机和采集终端可接入 UPS 电源系统，遥视系统其他设备不宜接入 UPS 电源系统，监控台打印机不能接入 UPS	检查施工图及现场实际接线		
13		UPS 系统输入配置检查	主要		UPS 电源系统输入端应配置相对地、中性线对地保护模式标称放电电流不小于 10kA（8/20μs）的交流电源限压 SPD（防雷器）；SPD 宜串联相匹配的联动空气开关以便于更换 SPD 和防止 SPD 损坏造成的短路，SPD 正常或故障时，应有能正确	检查系统实际配置		

续表

序号	工序	检验项目	性质	质量标准		检验方法及器具	施工单位自检结果	启委会验收组抽查结果
				验收结果	合格要求			
13	UPS配置检查	UPS 系统输入配置检查	主要		表示其状态的标志或指示灯。UPS 电源的交流输入、交流输出应分别配置2 台隔离变压器，直流输入端配置防反充电二极管，实现交流输入、直流输入、交流输出三端完全电气隔离			
14		UPS 容量配置检查	主要		UPS 电源容量配置应遵循以下规定，500kV 及以上、220kV、110kV 及以下变电站每台 UPS 电源容量可分别按 10kVA、5kVA、5kVA 对应选取；UPS 电源容量应满足最大功率负载的启动电流需求	检查 UPS 装置铭牌及系统参数		
15		UPS 逆变器结构配置检查	主要		逆变器核心器件组装成模块化结构装置，可独自取出检修	检查厂家原理图		
16		UPS 交流输出馈线配置检查	主要		UPS 的交流输出馈线总数原则如下：500kV 变电站不少于 30 路，220kV、110kV 变电站馈线不少于 20 路，且 500kV 变电站交流馈线开关应配备 20A 6 路以上、16A 8 路以上、10A 16 路以上；220kV、110kV 变电站馈线开关 16A 8 路以上、10A 12 路以上。同时为了满足计算机监控系统服务器及显示器的接入要求，应配置负载接线盒 2 个（每个含 10A 交流空气开关 6 个，每一空气开关配置独立插座 1 个）	检查厂家原理图及现场实际配置		
17		UPS 交流输出配置检查	主要		双电源设备的两路交流输入电源应分别接到 UPS 电源输出的两段母线上；单电源冗余配置的设备，其交流输入电源应分别接到 UPS 电源输出的两段母线上；单电源非冗余配置的设备应根据负载均分原则分别接到 UPS 电源输出的两段母线上；由 UPS 电源系统供电的所有设备，应采用一路馈线开关对应一台设备，该路馈线开关不得与其他设备共用	检查厂家原理图、施工图，以及现场实际配置		

序号	工序	检验项目	性质	质量标准		检验方法及器具	施工单位自检结果	启委会验收组抽查结果
				验收结果	合格要求			
18	UPS系统接线方式检查	UPS运行接线方式的检查	主要		UPS电源系统可采用双机双母线带STS方式或双机双母线带母联方式，优先选用可靠性高的双机双母线带STS方式。如条件不具备只能采用双机双母线带母联方式，则必须配置母联开关和UPS输出开关的互锁功能	检查现场实际配置情况		
19		UPS的防误闭锁措施检查	主要		母联开关应具有防止两段母线带电时闭合母联开关的防误操作措施（可采用加锁等方式）。手动维修旁路开关应具有防误操作的闭锁措施	检查现场实际配置情况		
20		UPS交流电源输入供电方式检查	主要		每台UPS电源的交流电源输入和旁路电源输入应采用两路电源经自动切换装置（若选用ATS，宜采用二段式PC级）切换的供电方式（若上级交流配电设备中已采用自动切换装置，UPS电源输入端可不再设置）	检查厂家原理图及现场实际接线情况		
21		UPS交直流输入电源来源检查	主要		两路交流输入电源应来自不同段的站用交流电源，两段站用交流母线供电电源应分别取自不同的站用变压器；两台UPS电源的直流输入电源应分别取自变电站直流系统不同段直流母线（有硅降压回路的直流系统应取自硅降压回路前端）	检查实际接线情况及施工图情况		
22		UPS输入单相/三相形式检查	主要		10kVA及以上UPS电源系统宜采用三相交流电源输入，单相交流电源输出接线方式；5kVA及以下UPS电源系统宜采用单相交流电源输入，单相交流电源输出接线方式	检查实际接线情况及施工图情况		
23	功能检查	交流输入电源故障时的切换功能检查	主要		双机双母线带母联运行接线方式的切换功能：当交流输入电源正常时，交流输入电源经整流器由交流变成直流，再经逆变器由直流变成交流输出到负载。当交流输入电源故障时，UPS电源由交流输入电源供电切换至由直流输入经逆变器供电，切换时间应为0ms；当交流输入电源恢复正常后，UPS电源自动由直流供电切换至由交流输入电源供电，切换时间应为0ms	模拟实际故障情况测试相关切换功能		

序号	工序	检验项目	性质	质量标准		检验方法及器具	施工单位自检结果	启委会验收组抽查结果
				验收结果	合格要求			
24		UPS 电源过载、逆变器故障、交/直流电源输入回路同时故障时的切换功能检查	主要		UPS 电源过载、逆变器故障、交/直流电源输入回路同时故障时，通过 UPS 电源旁路静态切换开关自动切换至交流旁路输入电源供电，切换时间应小于 4ms；当电源故障恢复后，UPS 电源自动切换至逆变输出供电，切换时间应小于 4ms	模拟实际故障情况测试相关切换功能		
25		当两台 UPS 电源其中一台故障退出时切换功能检查	主要		当两台 UPS 电源其中一台故障退出时，该电源所带负载可通过手动闭合两段交流输出母线的母联开关由另一台 UPS 电源供电	模拟实际故障情况测试相关切换功能		
26		UPS 电源退出检修维护切换功能检查	主要		UPS 电源配置旁路检修断路器，在 UPS 电源退出检修维护时可闭合检修断路器为负载供电	模拟实际故障情况测试相关切换功能		
27	功能检查	告警功能检查	/		应配置以下告警信息：交流输入/输出电压超限告警、交流输入中断告警、交流输入频率超限告警、整流器关闭告警、逆变器关闭告警、旁路供电告警、交流输入断路器跳闸告警、交流旁路输入断路器跳闸告警、交流输出断路器跳闸告警、直流输入断路器跳闸告警、交流馈线开关跳闸告警、监控单元故障等输入量检查；同时逆变器故障本体应由独立的硬触点引入端子排，与监控器发出的逆变器关闭告警并接，告警或者故障时，监控单元应可发出声光报警，并应能以硬触点形式和通信口输出	模拟实际故障情况测试相关告警功能		
28		测量功能检查	/		UPS 屏模拟量显示：交流输入电压、电流；交流旁路输入电压、电流；交流输出电压、电流；交流输入、输出和旁路频率；直流电压、电流电/放电；交流输出负载等与实际一致。开关量显示：整流器/逆变器运行状态、输入开关运行状态、自动旁路运行状态等与实际一致	对相关测量量进行核对测试		

序号	工序	检验项目	性质	质量标准		检验方法及器具	施工单位自检结果	启委会验收组抽查结果
				验收结果	合格要求			
29	功能检查	通信功能检查	/		监控单元至少应该有1个 RS-485 和 2 个以太网通信接口，通信规约应采用 IEC 61870-5-103、MODBUS 或者 IEC 61850 通信规约，并应具备与监控系统通信的能力，以上通信规约通信模型文件应包括以上告警功能检查中必备的告警信息	与后台监控系统进行通信状态核对及数据测试核对		
30		保护功能检查	/		交流输出短路保护、交流输出过载保护、整流器、逆变器、静态旁路开关等过温度保护、直流电压低保护、交流输入缺相保护、交流输入过欠压保护、交流输出过欠压保护，应具有紧急关机保护功能	实际试验相关保护功能，模拟对应故障状态，测试保护功能能否正确动作		
31		UPS 监控单元功能检查	/		监控单元应具备操作权限密码管理功能：任何改变运行方式与运行参数的操作均需要权限确认；定值设置功能：监控单元应能对 UPS 电源运行及告警参数定值进行设置，定值设置应具备掉电保持功能，应具备设置的定值包括交流输入电压高低、交流输入频率高低定值、交流输出电压高低值、直流工作电压高低告警值等	核查监控单元人机界面，对相对应的管理功能及定值设置功能进行校验		
32	绝缘检查	单装置绝缘检查	/		在 UPS 不间断电源屏的端子排处将所有外部引入的回路及电缆全部断开，分别将电压、直流控制信号回路的所有端子各自连接在一起，用 1000V 绝缘电阻表测量下列绝缘电阻，其阻值均应大于 10MΩ： （1）各回路对地。 （2）各回路相互间	现场利用绝缘电阻表进行测试检查		
33		UPS 系统绝缘检查	/		在 UPS 不间断电源屏的端子排处将所有电压、直流回路的端子连接在一起，并将电压回路的接地点及击穿保险接线拆开，用 1000V 绝缘电阻表测量回路对地的绝缘电阻，其绝缘电阻应大于 2MΩ	现场利用绝缘电阻表进行测试检查		

续表

序号	工序	检验项目	性质	质量标准		检验方法及器具	施工单位自检结果	启委会验收组抽查结果
				验收结果	合格要求			

监理单位验收意见：

启委会验收组验收意见：

合格：＿＿＿＿项
不合格：＿＿＿＿项

缺陷处理情况：

验收单位	质量验收结论	签名
班组		年　　月　　日
施工队		年　　月　　日
项目部		年　　月　　日
监理		年　　月　　日
启委会验收组 （只对所抽检分项工程签名确认）		年　　月　　日

14

同步相量测量系统（PMU）

14.1 同步相量测量系统（PMU）概述

同步相量测量装置（Phasor Measurement Unit，PMU）是利用北斗对时系统或全球定位系统秒脉冲作为同步时钟构成的相量测量单元，可用于电力系统的动态监测、系统保护和系统分析和预测等领域，是保障电网安全运行的重要设备。基于同步时钟的 PMU 装置能够测量电力系统枢纽点的电压相位、电流相位等相量数据，通过通信网将厂站端和变电站端的数据传送至调度中心主站，其构建的系统为南方电网广域测量系统（WAMS），WAMS 主站根据不同点的相位幅度，在遭到系统扰动时确定系统如何解列、切机或切负荷，防止事故的进一步扩大甚至电网崩溃。相量测量单元、相量数据集中器和主站的通信架构示意图如图 14-1 所示。

主要功能：① 实时监测功能：应能同步测量安装点的三相基波电压、三相基波电流、电压电流的基波正序相量、频率和开关量信号，用于发电机组时应可通过发电机键相脉冲信号或转速脉冲信号直接测量发电机内电动势，同时利用计算法测量发电机内电动势，配置有次同步振荡功能的装置应能根据测量点的功率在线分析次同步振荡分量。② 时钟同步功能：装置应支持 IRIG-B（DC）对时，应具备守时功能。装置可通过站内统一时钟提供的基准信号进行对时，对时信号可采用多模光纤接口或电 RS-485 接口，当出现闰秒时，同步相量测量装置应正确处理闰秒。③ 支持与多个主站实时通信：应能向主站上传子站配置信息，并根据主站下发的配置信息将所需的动态数据实时传送到主站，在与主站建立通信的过程中，子站作为服务端，主站作为客户端，由主站发起通信连接，装置应能和多个相关主站通信，具备一发多收的通信功能，装置使用调度数据网通道与主站通信时，管理通道和数据通道承载的实时数据使用调度数据网实时 VPN 传输，文件通道承载离线数据使用调度数据网非实时 VPN 传输。④ 动态数据记录功能：记录的数据采用自动循环覆盖的方式，应有足够的安全性。不应因直流电源中断而丢失已记录的数据；不应因外部访问而删除记录数据；不应提供人工删除和修改记录数据的功能。⑤ 暂态数据记录

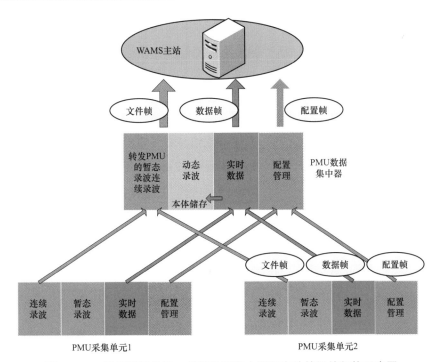

图 14-1 相量测量单元、相量数据集中器和主站的通信架构示意图

功能：当主站联网触发时或电力系统发生故障时装置应能启动暂态录波，支持频率越限、频率变化率越限、幅值越限、功率振荡、发动机功角越限等触发方式。⑥ 连续录波功能：为满足次同步振荡监测的需求，装置应具备连续录波功能，可连续记录信号瞬时值，并带有同步时标。⑦ 冗余相量数据集中器功能：可配置为冗余集中器模式，同时与相量测量装置通信，任一台集中器均可以承担对上、对下通信及信息处理能力，工作方式采用双主模式。同步相量测量装置主要功能思维导图如图 14-2 所示。

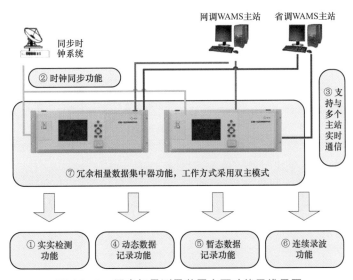

图 14-2 同步相量测量装置主要功能思维导图

南网范围内已经在 500kV 及以上厂站及变电站端和 220kV 枢纽变电站端安装了 PMM，现场试验、运行以及应用研究的结果表明同步相量测量技术在电力系统状态估计与动态监视、稳定预测与控制、模型验证、继电保护、故障定位等方面获得了应用或应用前景；随着电力"双高"持续增加，电力电子设备与电网的交互作用可能引发次同步到中高频段的宽频振荡，严重影响电网及设备的安全运行，电力系统的稳定已是越来越突出的问题，以 PMU 为基本单位的广域测量系统可以实时反映系统动态，以高速采样测量宽频域范围内基波、谐波和间谐波信号，实现多频段在线监测、高频率采样数据离线存储，多方位、多维度监测全网振荡事件，是构筑电力系统安全防卫系统的基础。

14.2　同步相量测量系统（PMU）工程质量验收记录表

同步相量测量系统（PMU）工程质量验收记录见表 14-1～表 14-3。

表 14-1　　　　　　　同步相量测量系统（PMU）工程质量验收记录表

产品型号						制造厂家			
程序版本						安装位置			
序号	工序	检验项目	性质	质量标准		检验方法及器具	施工单位自检结果	启委会验收组抽查结果	
				验收结果	合格要求				
1	资料检查	出厂试验报告、合格证、图纸资料、技术说明书,装箱记录、开箱记录等检查	主要		齐全、正确	查阅、记录,监理工程师签字确认并保存			
2		装置硬件配置检查	主要		设备型号、外观、数量需满足项目合同所列的设备清单	检查设备型号、外观、数量,核对是否满足项目合同所列的设备清单			
3		装置安装质量	主要		安装牢固	检查紧固螺栓与承重板			
4	外观及接线检查	装置外观、按键、显示	主要		装置正常工作,内部电压输出正常,面板指示灯指示正确。外观清洁无破损,按键操作灵活、正确,液晶显示清晰,标示清晰、正确	检查装置外观、按键			
5		装置外部接线及沿电缆敷设路径上的电缆标号检查	主要		端子排的螺栓应紧固可靠,无严重灰尘、无放电痕迹;接线应与图纸资料吻合;电缆标示应正确、完整、清晰	检查端子排、接线、电缆标示			

序号	工序	检验项目	性质	质量标准		检验方法及器具	施工单位自检结果	启委会验收组抽查结果
				验收结果	合格要求			
6	装置接地检查	装置接地检查	主要		逻辑地（逻辑地、通信信号地）应接于绝缘铜排	检查绝缘铜排所接设备		
7			主要		常规地（设备外壳、屏蔽层、电源接地等）应接于非绝缘铜排	检查非绝缘铜排所接设备		
8	工作电源检查	供电电源检查	主要		各路电源配置独立空气开关，可配置电源防雷，防雷装置应具备故障指示	检查交、直流供电		
9		供电回路检查	主要		电源电缆带屏蔽层，回路无寄生回路、标示清晰，各回路对地及各回路之间的阻值均应不小于10MΩ	检查电源电缆规格型号，采用1000V绝缘电阻表，测试回路对地及回路间的绝缘电阻		
10		装置工作电源掉电和恢复	主要		装置断电恢复过程中无异常，通电后工作稳定正常	断开装置电源		
11	抗干扰措施的检查	检查装置外壳接地电阻值	主要		装置外壳与接地母线铜排的电阻值应为零	检测装置外壳与接地母线铜排的电阻值		
12	程序的版本检查	核对装置的程序版本号	重要		装置与系统运行部下发的版本要求一致	装置液晶面板上检查程序的版本号		
13		零漂检查			交流二次电压回路的零漂值应小于0.05V，二次电流回路的零漂值应小于0.05A	检查装置面板显示		
14	精度测试	基波电压、电流测量精度测试	主要		幅值测量误差极限为0.2%，相角测量允许误差$0.1U_n \leq U < 0.5U_n$时为0.5°，$0.5U_n \leq U < 1.2U_n$为0.2°，$1.2U_n \leq U < 2U_n$时为0.5°；$0.1I_n \leq I < 0.2I_n$时为1°，$0.2I_n \leq I < 1.2I_n$时为0.5°	使用测试仪加量测试	见表14-2和表14-3	
15		频率测量精度测试	主要		频率测量误差$25\text{Hz} < f < 45\text{Hz}$时为0.1Hz，$45 \leq f \leq 55$时为0.002Hz，$55 < f < 75$时为0.1Hz	使用测试仪加量测试	见表14-2和表14-3	

续表

序号	工序	检验项目	性质	质量标准		检验方法及器具	施工单位自检结果	启委会验收组抽查结果
				验收结果	合格要求			
16	精度测试	三相电压、电流不平衡状态下的每相精度测试	主要		电压幅值测量误差不应大于0.2%，相角误差应不大于0.2°；电流幅值测量误差不应大于0.2%，相角误差应不大于0.5°	使用测试仪加量测试	见表14-2和表14-3	
17		直流模拟量通道幅值准确度测试			4~20mA时测量误差≤0.5%	使用综合自动化测试仪测试	见表14-2和表14-3	
18	同步时间系统模件检查	装置对时模块要求			装置应支持IRIG-B（DC）对时，应具备守时功能，对时信号可采用多模光纤接口或电RS-485接口；当出现闰秒时，同步相量测量装置应正确处理闰秒	检查装置对时接口是否满足要求，在外部时钟源消失，应具备守时功能；应满足南网技术规范要求；在闰秒发生后5s内将时标调整为与协调世界时一致，在闰秒发生后5s，同步相量测量、动态数据记录和实时通信等功能应恢复正常		
19		检查装置对时精度			与同步时钟对时正确	检查装置显示时间与同步时钟时间差		
20	站内PMU之间的网络连接性检查	检查数据集中器及各PMU工况	主要		装置运行正常	在程序界面上人工查看		
21		检查各PMU装置接入通道的实时动态数据			实时动态数据正确记录	在程序界面上人工查看		
22	存储容量检查	检查动态记录文件保存日期			≥14d	在数据查看器的历史文件夹检查		
23	遥信开入量检查	检查遥信开入量正常变位	主要		开入量正确	通过端子排短接在主控程序界面观察	见表14-2和表14-3	
24		检查遥信开入点触发暂态数据记录或上送主站			文件上送正确	在主站观察		
25	采样速率检查	检查可以整定的装置动态数据的实时传送速率			具有25次/s、50次/s、100次/s的可选速率	主控程序设置界面检查		
26	暂态数据记录删除检查	暂态数据正确记录，触发条件满足《南方电网相量测量装置（PMU）技术规范》要求			在一定的触发条件下，暂态数据正确记录	检查暂态文件		

续表

序号	工序	检验项目	性质	质量标准		检验方法及器具	施工单位自检结果	启委会验收组抽查结果
				验收结果	合格要求			
27	相关相量数据命名规则检查	相关相量数据命名规则检查	主要		相量数据命名正确	与主站命名规则对比		
28	当地记录文件分析检查	历史动态数据检查	主要		文件正确解析	通过数据分析程序检查		
29		历史暂态数据检查			文件正确解析	通过数据分析程序检查		
30	与主站系统通信检查	检查数据集中器网络口	主要		≥4 个	检查装置配置，查看网口数量		
31		检查 IP 地址、网关、路由、子网掩码等设置是否按要求设置	主要		与主站通信正常	检查装置配置		
32		检查数据通道、管理通道、文件通道与主站通信正常	重要		与主站通信正常	与主站通信联调	见表14－4	
33	告警功能检查	TV/TA 断线告警功能	主要		同步相量测量装置应能正确上送相应告警信号，在失去外部电源的情况下不能丢失			
34		检查各 PMU 装置及数据集中器是否具备装置失电、装置故障的功能	主要		具备装置失电、装置故障等告警信号并正确反应	模拟 PMU 装置故障测试		
35	低频振荡识别功能	检测低频振荡功能	主要		具备低频振荡参数设置，能够正确捕捉满足特征的低频振荡信号	模拟低频振荡，振荡周期为 0.1～2.5Hz，振荡持续时间为 5min，要求 PMU 装置建立低频振荡事件标识，记录的数据应能正确反映试验情况，且装置各通信保持正常。检查装置是否启动暂态录波，并建立事件标识		
36	次同步振荡识别功能	检测次同步振荡功能	主要		具备次同步振荡参数设置，能够正确捕捉满足特征的次同步振荡信号	模拟次同步振荡，装置启动采样数据录波，在数据帧的状态字中设置触发标志和原因，发出相应事件告警		
37	防护跨区互联检查	防护跨区互联检查	主要		核查是否有同时用网线连接不同安全分区的情况	现场核实 PMU 装置网线走向和网线标签的正确性，禁止设备跨区互联		

续表

序号	工序	检验项目	性质	质量标准		检验方法及器具	施工单位自检结果	启委会验收组抽查结果
				验收结果	合格要求			
38	电源试验	直流电源上电或掉电	主要		装置上电后或掉电前应正常工作，不应误发信号，存储的历史动态数据记录文件完好无损			
39	除尘	装置及屏柜除尘			屏柜内无任何杂物、无异味，PMU装置、时钟同步装置机箱表面无积尘、油渍和水渍	屏柜内无任何杂物、无异味，装置机箱表面无积尘、油渍和水渍		
40	工作备份	PMU程序及组态、现场图片备份	主要		PMU程序及组态正确齐全，图片清晰	PMU程序及组态备份至广州局变电管理一所网盘指定目录，图片要求测控连接片、标签和空开字体显示清晰		

监理单位验收意见：

启委会验收组验收意见：

合格：_____项
不合格：_____项

缺陷处理情况：

验收单位	质量验收结论	签名
班组		年　月　日
施工队		年　月　日
项目部		年　月　日
监理		年　月　日
启委会验收组（只对所抽检分项工程签名确认）		年　月　日

表 14-2　　　　　　　　　PMU 开关量测试记录表

序号	描述	集中器	×××PMU主站	结论	后台施工签名	PMU主站验收见证	日期
0							20××-××-××
1							
2							
3							
4							

续表

序号	描述	集中器	××× PMU 主站	结论	后台 施工签名	PMU 主站 验收见证	日期
5							
…	…						
…	…						
…	…						

试验人员签字：_____　　　　　　　　试验日期：_____

抽检人员签字：_____　　　　　　　　抽检日期：_____

表 14-3　　　　　　　　　　　　PMU 测量量精度测试记录表

测量量 序号	测量量 名称	量测 量	限定条件	装置 值	集中 器	××× 主站	集中器 误差	主站 误差	结论	误差要求	集中器 施工 签名	PMU 主站验 收见证	日期
0	电压、电流 相量幅值	U_a	$f=50\text{Hz}$							≤0.2%			20××- ××-××
1		I_a	$f=50\text{Hz}$							≤0.2%			
2	电压、电流 相量相角	ϕ	$f=50\text{Hz}$ $0.1U_n≤U<0.5U_n$							≤0.5°			
3		ϕ	$f=50\text{Hz}$ $0.5U_n≤U<1.2U_n$							≤0.2°			
4	发电机功角	ϕ	$f=50\text{Hz}$							≤1°			
5	在基波偏离 额定值不同 的值时，角 度及幅值	U_a	$f=50±1\text{Hz}$							≤0.1%			
6		ϕ	$f=50±1\text{Hz}$							≤0.5°			
7		U_a	$f=50±3\text{Hz}$							≤0.2%			
8		ϕ	$f=50±3\text{Hz}$							≤0.1°			
9	直流量幅值	Z	$4～20\text{MPa}$							≤0.5%			
10	频率	f	$25<f<45$							≤0.1Hz			
11		f	$45≤f≤55$							≤0.002Hz			
12		f	$55<f<75$							≤0.1Hz			
13	49～51Hz 频率范围 内，有功功 率和无功 功率	P	$49≤f≤51$							≤0.5%			
14		Q	$49≤f≤51$							≤0.5%			
15													
…	…												
…	…												

试验人员签字：_____　　　　　　　　试验日期：_____

抽检人员签字：_____　　　　　　　　抽检日期：_____

表 14－4　　　　　　　　　　　PMU 主站通信测试记录表

测试类别	单位	限定条件	实际值	要求
初始化连接时间	s	与主站通信		≤5s
传输速率	帧/s	具有 100、50、25、10 几种		≤100
报文上报时延	ms	主站连续接收 1min		≤50
丢包率	%	主站连续接收 1min		＝0
一致性检测	是否一致	主站连续接收 1min 与相同时间断面装置离线文件比较		是
否认性检测	主站报文向装置发送错误的同步字，装置返回命令			只要"否定确认"
	主站报文向装置发送错误的校验字，装置返回命令			只要"否定确认"
	主站报文向装置发送错误的 IDCODE，装置返回命令			只要"否定确认"
	主站报文向装置发送未定义的命令编号，装置返回命令			只要"否定确认"
	主站 CFG－2 向装置发送错误的同步字，装置返回命令			只要"否定确认"
	主站 CFG－2 向装置发送错误的校验字，装置返回命令			只要"否定确认"
	主站 CFG－2 向装置发送错误的 IDCODE，装置返回命令			只要"否定确认"
	主站 CFG－2 向装置发送 CFG－1 配置项不符，装置返回命令			只要"否定确认"

试验人员签字：_____　　　　　　试验日期：_____

抽检人员签字：_____　　　　　　抽检日期：_____

二 次 安 防 系 统

15.1 二次安防系统概述

南方电网公司按照能源局 36 号文提出的"安全分区、网络专用、横向隔离、纵向认证"安全防护总体策略（如图 15－1 所示），部署了电力监控安全防护系统。

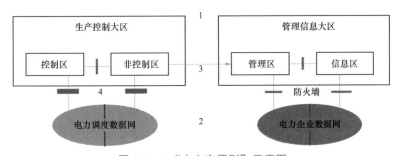

图 15－1 "十六字原则"示意图

1—安全分区；2—网络专用；3—横向隔离；4—纵向认证

（1）安全分区：由生产控制大区和管理信息大区 2 个大区组成，其中，生产控制大区包含控制区（安全区Ⅰ）和非控制区（安全区Ⅱ）；

（2）网络专用：① 与安全区连接的外部边界网络适应安全区的安全防护等级；② 专用通道使用独立网络；③ 电力监控网络与电力企业其他数据网物理隔离；④ 控制区和非控制区通过逻辑隔离的子网连接。

（3）横向隔离：① 安全隔离装置分为正向性和反向性；② 严格禁止安全风险高的通用网络服务；③ 各安全区之间通过不同强度的安全设备进行隔离。

（4）纵向认证：① 生产控制大区的广域网边界需部署加密认证装置及加密认证网关进行安全防护；② 调度数据网涉及的调控中心端和重要厂站端均应当配置纵向加密认证装置或纵向加密认证网关进行安全防护。

220kV 及以上变电站监控系统安全防护总体逻辑结构示意图如图 15-2 所示。

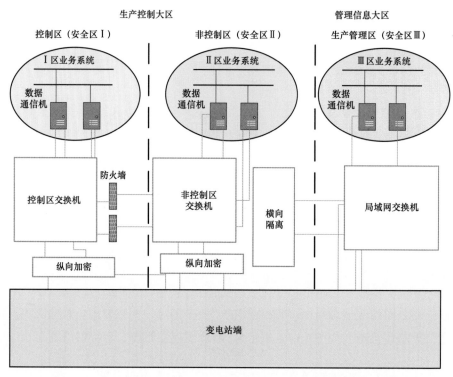

图 15-2　220kV 及以上变电站监控系统安全防护总体逻辑结构示意图

15.2　纵向加密认证装置工程质量验收记录表

纵向加密认证装置工程质量验收记录表见表 15-1。

表 15-1　　　　　　　　　　纵向加密认证装置工程质量验收记录表

产品型号					出厂编号			
CPU 版本					装置 IP 地址			
制造厂家					安装位置			

序号	工序	检验项目	性质	质量标准 验收结果/合格要求	检验方法及器具	施工单位自检结果	启委会验收组抽查结果
1	硬件配置检查	网络接口类型与数量	主要	满足 Q/CSG 110005—2012 的要求	1. 检查设备板卡和接口配备情况。 2. 检查设备电源配备情况		
2		电源数量	主要				
3	功能检查	自动旁路功能检查	主要	能实现自动旁路功能	1. 根据需求搭建测试环境。 2. 使用 2 台加密装置建立加密隧道，使用测试仪通过 2 台加密装置发送双向数据流。 3. 在 2 台加密装置中间链路上抓包，观察数据包加密情况。		

序号	工序	检验项目	性质	质量标准	检验方法及器具	施工单位自检结果	启委会验收组抽查结果
				验收结果/合格要求			
3	功能检查	自动旁路功能检查	主要	能实现自动旁路功能	4. 关闭其中一台装置，观察装置"加密"指示灯，并抓包观察数据包加密情况		
4		数据加密功能检查	主要	能建立加密隧道且对数据进行加密保护	1. 根据需求搭建测试环境。2. 使用2台加密装置建立加密隧道，使用测试仪通过2台加密装置发送双向数据流。3. 在2台加密装置中间链路上抓包，观察数据包加密情况		
5		数字证书认证功能检查		导入合法证书前无法建立加密隧道	检查装置在没有导入证书前能否建立加密隧道		
6		工作模式检查		支持路由与交换两种工作模式	1. 根据需求搭建测试环境。2. 检查纵向加密认证装置是否支持交换工作模式。3. 检查纵向加密认证装置是否支持路由工作模式		
7		安全配置检查	主要	配置符合规范要求，不存在冗余路由，未开启高风险网络服务	通过命令行手动查看装置访问控制列表、路由等配置是否符合规范要求		
8	安全性检查	配置信息管理功能检查		能对装置配置信息进行管理	通过查看装置配置界面记录支持的配置信息管理功能		
9		攻击防御功能检查	主要	支持常见的网络攻击防御	1. 纵向加密认证装置关闭相应的攻击防范功能。2. 检查攻击包是否能通过纵向加密认证装置，检查纵向加密认证装置的CPU使用率。3. 纵向加密认证装置开启相应的攻击防范功能。4. 检查攻击包是否能通过纵向加密认证装置，攻击时纵向加密认证装置是否能告警相应的攻击类型，检查纵向加密认证装置的CPU使用率		
10	性能检查	最大TCP新建速率测试	主要		1. 在装置之间根据测试需求建立隧道，隧道设置为密文模式。2. 隧道之间配置相应条数策略。3. 应用层协议使用HTTP1.0，客户端发送get请求，服务器端响应get请求后立刻关闭TCP连接。4. 测试时间为75s		

续表

序号	工序	检验项目	性质	质量标准 验收结果/合格要求	检验方法及器具	施工单位自检结果	启委会验收组抽查结果
11	性能检查	最大TCP并发连接数测试	主要		1. 在装置之间根据测试需求建立隧道，隧道设置为密文模式。 2. 隧道之间配置相应条数策略。 3. 应用层协议使用HTTP 1.1，客户端以60s间隔发送get请求，服务端响应get请求后，保持TCP连接等待下一个get请求。 4. 测试时间为180s		
12	策略配置情况检查	策略、IP地址、路由、NAT配置			策略、IP地址、路由、NAT配置等是否严格按照白名单配置，是否严格执行最小策略原则，是否配置并置顶封禁高危端口		
13	其他管理要求检查	双电源配置，网线牌、标签配置			检查未使用网线端口是否通过软硬件方式进行封堵		
14	态势感知相关验收	终端部署和实用化接入			终端部署和实用化接入验收		
15	设备运行情况检查	CPU、内存、硬盘占用率			CPU、内存、硬盘占用率情况检查		
16	图挡资料验收检查	入网安评资料、"一站一册"、网络拓扑图			入网安评资料、"一站一册"、网络拓扑图等验收检查		

监理单位验收意见：

启委会验收组验收意见：

合格：_____项
不合格：_____项

缺陷处理情况：

验收单位	质量验收结论	姓名		
分组		年	月	日
施工队		年	月	日
项目部		年	月	日
监理		年	月	日
启委会验收组 （只对所抽检分项工程签名确认）		年	月	日

15.3　防火墙装置工程质量验收记录表

防火墙装置工程质量验收记录表见表 15-2。

表 15-2　　　　　　　　　防火墙装置工程质量验收记录表

产品型号						出厂编号			
CPU 版本						装置 IP 地址			
制造厂家						安装位置			

序号	工序	检验项目	性质	质量标准		检验方法及器具	施工单位自检结果	启委会验收组抽查结果
				验收结果	合格要求			
1	硬件配置检查	操作系统类型和版本	主要		满足 Q/CSG 110005—2012 的要求	1. 检查设备板卡和接口配置。 2. 检查设备电源配备情况。 3. 通过管理员界面或命令行查看设备操作系统、软件版本、CPU 和存储		
2		电源数量	主要					
3		CPU 类型与数量	主要					
4		存储类型与数量	主要					
5		接口类型与数量	主要					
6	功能检查	访问控制功能检查（H）	主要		具有基本 ACL 和高级 ACL 访问控制功能	1. 根据需求搭建测试环境。 2. 防火墙工作在路由模式下。 3. 使用测试仪发送数据流，观察数据流在防火墙进行 ACL 相应配置下的通过情况		
7		动态网络地址转换功能检查（H）	主要		支持动态网络地址转换	1. 根据需求搭建测试环境。 2. 用测试仪接口模拟 10 个 IP 地址，发送单向数据流。 3. 在防火墙上配置网络地址转换池，进行多对多网络地址转。 4. 在测试仪数据流接收接口上抓包，检查 IP 地址转换情况		
8		IP 与 MAC 地址绑定功能检查（H）	主要		支持 IP 与 MAC 地址绑定	1. 根据需求搭建测试环境。 2. 将测试仪数据流发送接口 IP 地址同另一非该接口 MAC 地址绑定，观察数据流通过情况。 3. 将测试仪数据流发送接口 IP 地址同该接口 MAC 地址绑定，观察数据流通过情况		

续表

序号	工序	检验项目	性质	质量标准		检验方法及器具	施工单位自检结果	启委会验收组抽查结果
				验收结果	合格要求			
9	功能检查	应用层协议过滤功能检查（H）	主要		支持 HTTP、FTP 和 SMTP 应用层协议过滤	1. 使用 2 台 PC 分别作为客户端和服务器连接至防火墙，在服务器装 HTTP 和 FTP 软件，检验防火墙的相应过滤功能。 2. 具体包括：HTTP：① URL 过滤；② Java app1et 和 Active 过滤；③ 页面内容过滤。FTP：① 命令级的控制（put、get）；② 目录、文件访问控制。 3. 将防火墙连接至互联网，验证防火墙的 SMTP 过滤相关功能：① 主题过滤；② 正文过滤；③ 附带文件过滤；④ 地址过滤；⑤ 防止邮件炸弹；⑥ 限制邮件大小；⑦ 限制邮件转发		
10		防火墙工作模式检查（H）	主要		支持路由和交换两种工作模式	1. 根据需求搭建测试环境。 2. 检查防火墙是否支持交换工作模式。 3. 检查防火墙是否支持路由工作模式		
11		流量管理功能检查（H）	主要		支持流量限速和优先级功能	1. 根据需求搭建测试环境。 2. 使用测试仪发送单向数据流，检查防火墙是否具有流量限速功能。 3. 使用测试仪发送超过防火墙接口接收能力（通过 ACL 或端口协商实现）的数据流。 4.使用优先级机制保证单条数据流带宽，观察数据流通过量		
12		VLAN Trunk 支持功能检查（H）	主要		支持 VLAN Trunk 功能	1. 根据需求搭建测试环境。 2. 将交换机的一个接口设置为 Trunk 模式同防火墙的一个接口相连。 3. 使用 2 台 PC 机分别连接至交换机和防火墙上，验证其连通性		
13		双机热备份功能检查（H）	主要		支持双机热备份功能	1. 根据需求搭建测试环境。 2. 验证防火墙能否实现双机热备切换功能。 3. 记录连接恢复过程中的切换时间和丢包数		
14		防火墙安全配置检查（S）	主要		防火墙安全配置符合访问规则，不存在冗余路由，未开启高风险网络服务	查看安全策略、网络服务、攻击防御和路由等配置信息		
15		管理员功能检查（H）	主要		能够设置管理员等级和操作权限	通过询问和查看，以及实际操作进行检验		

序号	工序	检验项目	性质	质量标准		检验方法及器具	施工单位自检结果	启委会验收组抽查结果
				验收结果	合格要求			
16	功能检查	日志审计功能检查（H）	主要		支持日志审计功能	1. 查阅日志信息，检查日志审计工具。 2. 分别进行登录/退出防火墙、启动/停止系统功能、配置安全规则、配置审计功能等操作，检查日志信息。 3. 生成恶意事件，发送验证业务流，检查受监控通信过程的日志记录信息		
17		配置信息管理功能检查（H）	主要		能够对防火墙配置信息进行管理	检查防火墙上的配置信息、过滤规则是否可以方便地下载并保存在 PC 上，可上载备份的配置信息和过滤规则		
18		异常情况告警功能检查（H）	主要		对防火墙运行异常情况有告警提示功能	1. 设置防火墙的报警触发条件。 2. 生成报警事件，检查报警效果。 3. 根据测试表格要求，完成上述测试		
19	安全性检查	攻击防御功能检查（H）	主要		能够抵御常见的网络攻击	1. 防火墙关闭相应的攻击防范功能。 2. 检查攻击包是否能通过防火墙，检查防火墙的 CPU 使用率。 3. 防火墙开启相应的攻击防范功能。 4. 检查攻击包是否能通过防火墙，攻击时防火墙是否能告警相应的攻击类型，检查防火墙的 CPU 使用率		
20	策略配置情况检查	策略、IP 地址、路由、NAT 配置				策略、IP 地址、路由、NAT 配置等是否严格按照白名单配置，是否严格执行最小策略原则，是否配置并置顶封禁高危端口		
21	性能检查	最大 TCP 新建速率测试（H）	主要		百兆防火墙>3000 连接/s；千兆防火墙>20000 连接/s	1. 开启防火墙功能，工作在透明模式下。 2. 防火墙配置一条全通策略。 3. 使用测试仪发送 HTTP1.1 数据流，每个 HTTP 连接请求 64B 页面，测试防火墙每秒最大 TCP 新建连接数（含 1 条规则和 500 条规则）		
22		最大 TCP 并发连接数测试（H）	主要		百兆防火墙>200000；千兆防火墙>1000000	1. 开启防火墙功能，工作在透明模式下。 2. 防火墙配置一条全通策略。 3. Avalanche 向 Re-flector 发送 HTTP1.1 数据流，每个 HTTP 连接请求 64B 页面，测试防火墙最大 TCP 并发连接数（含 1 条规则和 500 条规则）		

续表

序号	工序	检验项目	性质	质量标准		检验方法及器具	施工单位自检结果	启委会验收组抽查结果
				验收结果	合格要求			
23	其他管理要求检查	双电源配置，网线牌、标签配置			检查未使用网线端口是否通过软硬件方式进行封堵			
24	态势感知相关验收	终端部署和实用化接入			终端部署和实用化接入验收			
25	网络安全	主机硬件设备、操作系统、数据库、中间件、网络设备、安防设备、业务系统			1. 检查确认主机硬件设备、操作系统、数据库、中间件、网络设备、安防设备、业务系统等已知安全漏洞的风险防控措施落实情况，排查是否存在被国家通报的存在重大安全漏洞的在运设备。2. 关闭主机不必要的USB接口、光驱接口。对未使用网络端口进行软硬件封堵			
26	设备运行情况检查	CPU、内存、硬盘占用率			CPU、内存、硬盘占用率情况检查			
27	图档资料验收检查	入网安评资料、"一站一册"、网络拓扑图			入网安评资料、"一站一册"、网络拓扑图等验收检查			

监理单位验收意见：

启委会验收组验收意见：

合格：_____项
不合格：_____项

缺陷处理情况：

验收单位	质量验收结论	姓名		
分组		年	月	日
施工队		年	月	日
项目部		年	月	日
监理		年	月	日
启委会验收组（只对所抽检分项工程签名确认）		年	月	日

15.4　正向隔离装置工程质量验收记录表

正向隔离装置工程质量验收记录表见表 15－3。

表 15－3　　　　　　　　　　正向隔离装置工程质量验收记录表

产品型号				出厂编号				
CPU 版本				装置 IP 地址				
制造厂家				安装位置				

序号	工序	检验项目	性质	质量标准		检验方法及器具	施工单位自检结果	启委会验收组抽查结果
				验收结果	合格要求			
1	硬件配置检查	网络接口类型与数量	主要	满足 Q/CSG 110005—2012 的要求		1. 检查设备板卡和接口配备情况。2. 检查设备电源配备情况		
2		电源数量	主要					
3	功能检查	管理功能检查（H）	主要	支持图形用户界面对装置进行配置管理		通过查看装置配置界面和实际操作验证装置的管理功能		
4		隔离功能检查（H）	主要	实现正向隔离功能		1. 根据需求搭建测试环境。2. 使用 2 台 PC 机作为 2 个隔离分区连接至隔离装置的内外网接口。3. 验证装置两侧 PC 机的连通性		
5		安全配置检查（S）	主要	不存在高风险和存在隐患的配置信息		手工查看隔离装置的安全配置是否符合访问规则		
6		访问控制功能检查（H）		具备基本的访问控制功能		1. 根据需求搭建测试环境。2. 装置采用白名单方式对网络进行访问控制，凡是不符合预设规则的数据包都不能通过隔离装置		
7	策略配置情况检查	策略、IP 地址、路由、NAT 配置				策略、IP 地址、路由、NAT 配置等是否严格按照白名单配置，是否严格执行最小策略原则，是否配置并置顶封禁高危端口		
8	安全性检查	攻击防御功能检查（H）		支持常见的网络攻击防御		1. 查看装置是否有攻击防御功能相关设置项。2. 若有则采用先关闭防御功能，发送数据包，再行开启的方式进行验证		
9	其他管理要求检查	双电源配置，网线牌、标签配置				检查未使用网线端口是否通过软硬件方式进行封堵		
10	态势感知相关验收	终端部署和实用化接入				终端部署和实用化接入验收		
11	设备运行情况检查	CPU、内存、硬盘占用率				CPU、内存、硬盘占用率情况检查		

续表

序号	工序	检验项目	性质	质量标准		检验方法及器具	施工单位自检结果	启委会验收组抽查结果
				验收结果	合格要求			
12	网络安全	主机硬件设备、操作系统、数据库、中间件、网络设备、安防设备、业务系统				1. 检查确认主机硬件设备、操作系统、数据库、中间件、网络设备、安防设备、业务系统等已知安全漏洞的风险防控措施落实情况，排查是否存在被国家通报的存在重大安全漏洞的在运设备。 2. 关闭主机不必要的 USB 接口、光驱接口。对未使用网络端口进行软硬件封堵		
13	图档资料验收检查	入网安评资料、"一站一册"、网络拓扑图				入网安评资料、"一站一册"、网络拓扑图等验收检查		

监理单位验收意见：

启委会验收组验收意见：

合格：_____项
不合格：_____项

缺陷处理情况：

验收单位	质量验收结论	姓名		
分组		年	月	日
施工队		年	月	日
项目部		年	月	日
监理		年	月	日
启委会验收组 （只对所抽检分项工程签名确认）		年	月	日

15.5 反向隔离装置工程质量验收记录表

反向隔离装置工程质量验收记录表见表 15-4。

表 15-4　　　　　　　　反向隔离装置工程质量验收记录表

产品型号		出厂编号	
CPU 版本		装置 IP 地址	
制造厂家		安装位置	

序号	工序	检验项目	性质	质量标准		检验方法及器具	施工单位自检结果	启委会验收组抽查结果
				验收结果	合格要求			
1	硬件配置检查	网络接口类型与数量	主要	满足Q/CSG 110005—2012 的要求		1. 检查设备板卡和接口配备情况。 2. 检查设备电源配备情况		
2		电源数量	主要					
3	功能检查	管理功能检查（H）	主要	支持图形用户界面对装置进行配置管理		通过查看装置配置界面和实际操作验证装置的管理功能		
4		隔离功能检查（H）	主要	实现正向隔离功能		1. 根据需求搭建测试环境。 2. 使用 2 台 PC 机作为 2 个隔离分区连接至隔离装置的内外网接口。 3. 验证装置两侧 PC 机的连通性		
5		安全配置检查（S）	主要	不存在高风险和存在隐患的配置信息		手工查看隔离装置的安全配置是否符合访问规则		
6		访问控制功能检查（H）		具备基本的访问控制功能		1. 根据需求搭建测试环境。 2. 装置采用白名单方式对网络进行访问控制，凡是不符合预设规则的数据包都不能通过隔离装置		
7	安全性检查	攻击防御功能检查（H）		支持常见的网络攻击防御		1. 查看装置是否有攻击防御功能相关设置项。 2. 若有则采用先关闭防御功能，发送数据包，再行开启的方式进行验证		
8	策略配置情况检查	策略、IP 地址、路由、NAT 配置				策略、IP 地址、路由、NAT配置等是否严格按照白名单配置，是否严格执行最小策略原则，是否配置并置顶封禁高危端口		
9	其他管理要求检查	双电源配置，网线牌、标签配置				检查未使用网线端口是否通过软硬件方式进行封堵		
10	态势感知相关验收	终端部署和实用化接入				终端部署和实用化接入验收		
11	设备运行情况检查	CPU、内存、硬盘占用率				CPU、内存、硬盘占用率情况检查		
12	网络安全	主机硬件设备、操作系统、数据库、中间件、网络设备、安防设备、业务系统				1. 检查确认主机硬件设备、操作系统、数据库、中间件、网络设备、安防设备、业务系统等已知安全漏洞的风险防控措施落实情况，排查是否存在被国家通报的存在重大安全漏洞的在运设备。 2. 关闭主机不必要的 USB接口、光驱接口。对未使用网络端口进行软硬件封堵		
13	图挡资料验收检查	入网安评资料、"一站一册"、网络拓扑图				入网安评资料、"一站一册"、网络拓扑图等验收检查		

续表

监理单位验收意见：

启委会验收组验收意见：

合格：_____项

不合格：_____项

缺陷处理情况：

验收单位	质量验收结论	姓名		
分组		年	月	日
施工队		年	月	日
项目部		年	月	日
监理		年	月	日
启委会验收组 （只对所抽检分项工程签名确认）		年	月	日

15.6 二次安防交换机工程质量验收记录表

二次安防交换机工程质量验收记录表见表 15-5。

表 15-5　　　　　　二次安防交换机工程质量验收记录表

产品型号			出厂编号	
CPU 版本			装置 IP 地址	
制造厂家			安装位置	

序号	工序	检验项目	性质	质量标准		检验方法及器具	施工单位自检结果	启委会验收组抽查结果
				验收结果	合格要求			
1	硬件配置检查	网络接口类型与数量	主要		满足 Q/CSG 110005—2012 的要求	1. 检查设备板卡和接口配备情况。 2. 检查设备电源配备情况		
2		电源数量	主要					
3	功能检查	三层交换功能检查	主要	支持三层交换功能，两端 PC 机能网络连接		1. 根据需求搭建测试环境。 2. 交换机两端各配置一台测试 PC 机，并分别设置不同网段的 IP 地址。 3. 两端 PC 机发起网络连接，验证交换机是否具有三层交换功能		

续表

序号	工序	检验项目	性质	质量标准		检验方法及器具	施工单位自检结果	启委会验收组抽查结果
				验收结果	合格要求			
4	功能检查	路由协议功能检查	主要		能实现静态路由、RIP 路由、OSPF 路由功能,两端 PC 机能网络连接	1. 根据需求搭建测试环境。 2. 交换机两端各配置一台测试 PC 机,并分别设置不同网段的 IP 地址。 3. 交换机分别配置静态路由、RIP 路由、OSPF 路由,两端 PC 机发起网络连接,验证 3 种路由功能		
5		VLAN 间的访问控制列表功能检查	主要		能实现 VLAN 间的访问控制列表,VLAN 间网络连接受访问控制列表控制	1. 根据需求搭建测试环境。 2. 在交换机上配置 3 个 VLAN。 3. 在 VLAN 间配置访问控制列表。 4. 验证交换机是否具有 VLAN 间的访问控制列表		
6		端口镜像功能检查	主要		能实现端口镜像功能,镜像端口能输出被镜像端口数据	1. 根据需求搭建测试环境。 2. 在交换机配置镜像端口。 3. 验证交换机是否端口镜像功能		
7		虚拟路由冗余协议(VRRP)功能检查	主要		支持虚拟路由冗余协议(VRRP),双机切换正常	1. 根据需求搭建测试环境。 2. 验证交换机能否支持 VRRP 协议。 3. 验证交换机能否实现双机热备切换功能。 4. 记录连接恢复过程中的切换时间和丢包数		
8		VRF Lite 功能检查	主要		支持 VRF Lite 功能,相同 VPN 的计算机网络连接,不相同 VPN 的计算机不能发起网络连接	1. 根据需求搭建测试环境。 2. 交换机两端各连接两台测试 PC 机,同端的两台 PC 机设置相同的 IP 地址,但配置于不同的 VPN 中。 3. 两端 4 台 PC 互相发起网络连接。 4. 验证交换机能否实现 VRFLite 功能		
9		广播风暴抑制功能检查	主要		支持广播风暴抑制功能检查,可对广播包和未知单播包实现限速	1. 根据需求搭建测试环境。 2. 分别测试交换机对广播包和未知单播包的限速		
10		安全配置检查	主要		不存在高风险和存在隐患的配置信息	手工查看交换机的安全配置是否符合访问规则		
11	性能测试	吞吐量测试	主要		>6.5Mbit/s	1. 根据需求搭建测试环境。 2. 使用测试仪发送数据流。 3. 使用二分法确定装置在两种模式下的双机吞吐量。 4. 30s 测试,测试粒度为0.5%。 5. 分别使用 78B、128B、256B、512B、1024B、1280B、1518B 长度的帧进行测试		

续表

序号	工序	检验项目	性质	质量标准		检验方法及器具	施工单位自检结果	启委会验收组抽查结果
				验收结果	合格要求			
12	性能测试	MAC地址缓存容量测试	主要		满足技术条件书要求	1. 根据需求搭建测试环境。 2. 清空交换机的MAC地址缓存。 3. 使用测试仪发送数据包,数据包的MAC各不相同,总数为待测试MAC地址的数量。 4. 交换机学习MAC地址。 5. 反向发送含待测试MAC地址数量的数据包。 6. 检查交换机是否出现广播现象,当交换机刚好不出现广播现象时,即可测得MAC地址缓存容量		
13		支持VLAN数量测试	主要	>1000		1. 根据需求搭建测试环境。 2. 在交换机配置多个VLAN。 3. 在网络测试仪上配置相同数量的VLAN数据流,验证交换机是否支持相应的VLAN数量		
14	其他管理要求检查	双电源配置,网线牌、标签配置				检查未使用网线端口是否通过软硬件方式进行封堵		
15	态势感知相关验收	终端部署和实用化接入				终端部署和实用化接入验收		
16	设备运行情况检查	CPU、内存、硬盘占用率				CPU、内存、硬盘占用率情况检查		
17	网络安全	主机硬件设备、操作系统、数据库、中间件、网络设备、安防设备、业务系统						
18	图档资料验收检查	入网安评资料、"一站一册"、网络拓扑图				入网安评资料、"一站一册"、网络拓扑图等验收检查		
19	防护跨区互联检查	跨区互联				核查是否有同时用网线连接不同安全分区的情况		

监理单位验收意见:

启委会验收组验收意见:

合格：_____项
不合格：_____项

缺陷处理情况:

验收单位	质量验收结论	姓名		
分组		年	月	日
施工队		年	月	日
项目部		年	月	日
监理		年	月	日
启委会验收组 （只对所抽检分项工程签名确认）		年	月	日

16

态 势 感 知 系 统

16.1 态势感知系统概述

电力系统作为国家关键信息基础设施，面临的网络安全形势日趋严峻，一旦遭受网络安全攻击将可能导致大面积停电事件，严重威胁企业和国家安全。态势感知系统是通过对设备日志、网络流量等进行大数据分析，实现对系统或网络遭到的渗透攻击、网络木马活动、各类攻击事件等情况的实时监测、分析、溯源与总体呈现，对未知威胁、未知资产、异常行为建立态势感知能力，能有效提升系统的事前监测预警能力、事中反应速度和处置能力、事后分析应对能力。态势感知接入总体架构图如图 16-1 所示。

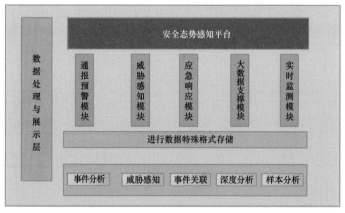
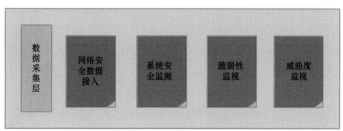

图 16-1 态势感知接入总体架构图

主要接入设备包括：① 安全设备，设备包括纵向加密认证装置、防火墙等；② 网络设备，包括控制区交换机、站控层核心交换机、站控层接入交换机等；③ 通用主机，包括监控工作站、"五防"工作站、网络发令终端、视频监控工作站、在线监测工作站、OA 主机等，操作系统类型包括 Windows、Minix、Linux、SCO UNIX、HP UNIX、SUN UNIX（SOLARIS）、IBM UNIX（AIX）等；④ 嵌入式主机，包括保信子站、远动机、PMU、测控装置、稳控装置、保护装置、行波测距、故障录波、计量、安自、规约转化装置、通信控制器等。站端态势感知采集装置接入示意图如图 16－2 所示。

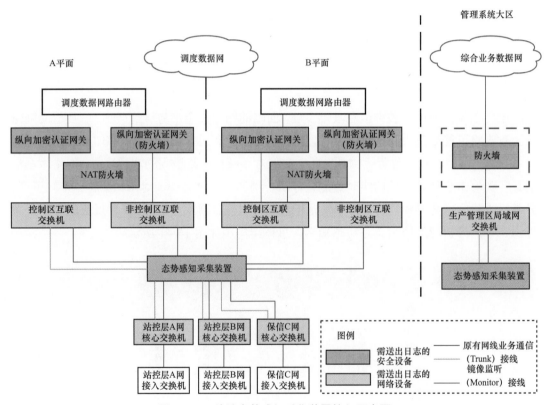

图 16－2 站端态势感知采集装置接入示意图

采集装置功能调试与主站系统配合完成十大主要功能验证：① 网络行为；② 外设接入；③ 登录操作；④ 代码程序；⑤ 资产发现；⑥ 互联拓扑；⑦ 运行状态；⑧ 开放服务；⑨ 配置合规；⑩ 系统漏洞。

态势感知系统实用化指标说明：系统实用化评价指标包括安全源数据接入率、威胁告警响应、脆弱性整改、态势感知系统可用性 4 个类别共 26 项。其中，主要边界安全设备接入率、核心交换机接入率、紧急告警响应及时率、重要告警响应及时率、资产注册率、态势感知采集装置可用率、态势感知主站可用率 7 项为关键指标，其余 19 项为一般统计指标。

16.2 态势感知系统工程质量验收记录表

态势感知系统工程质量验收记录表见表 16-1。

表 16-1　　　　　　　　　　态势感知系统工程质量验收记录表

产品型号						制造厂家			
程序版本						安装位置			
序号	工序	检验项目	性质	质量标准		检验方法及器具	施工单位自检结果	启委会验收组抽查结果
				验收结果	合格要求			
1	资料检查	出厂试验报告、合格证、图纸资料、一书三册(包括设备产品说明书,安装手册、运维手册、检修手册),装箱记录、开箱记录等检查	主要		齐全、正确	查阅、记录,监理工程师签字确认并保存		
2		装置硬件配置检查	主要		设备型号、外观、数量需满足项目合同所列的设备清单	检查设备型号、外观、数量,核对是否满足项目合同所列的设备清单		
3		装置安装质量	主要		安装牢固	检查紧固螺栓与承重板		
4	外观及接线检查	装置外观、按键、显示	主要		装置正常工作,内部电压输出正常,面板指示灯指示正确。外观清洁无破损,按键操作灵活、正确,液晶显示清晰,标示清晰、正确	检查装置外观、按键		
5		装置外部接线及沿电缆敷设路径上的电缆标号检查	主要		端子排的螺栓应紧固可靠,无严重灰尘、无放电痕迹; 接线应与图纸资料吻合;电缆标示应正确、完整、清晰	检查端子排、接线、电缆标示		
6	装置接地检查	装置接地检查	主要		逻辑地(逻辑地、通信信号地)应接于绝缘铜排	检查绝缘铜排所接设备		
7			主要		常规地(设备外壳、屏蔽层、电源接地等)应接于非绝缘铜排	检查非绝缘铜排所接设备		

序号	工序	检验项目	性质	质量标准		检验方法及器具	施工单位自检结果	启委会验收组抽查结果
				验收结果	合格要求			
8	防跨区互联检查	跨区互联检查	主要		核查是否有同时用网线连接不同安全分区的情况	检查安全分区网线连接情况		
9	排查高危漏洞风险	高危漏洞风险	主要		检查确认主机硬件设备、操作系统、数据库、中间件、网络设备、安防设备、业务系统等已知安全漏洞的风险防控措施落实情况,排查是否存在被国家通报的存在重大安全漏洞的在运设备	检查装置漏洞风险并完成整改		
10	关闭不必要的硬件接口	不必要的硬件接口	主要		关闭主机不必要的 USB 接口、光驱接口。对未使用网络端口进行软硬件封堵	关闭非必要外接硬件接口并封堵		
11	工作电源检查	供电电源检查	主要		采集装置采用双路电源独立供电,任一回路电源中断不造成装置故障或重启。各路电源配置独立空开,可配置电源防雷,防雷装置应具备故障指示	检查交、直流供电		
12		供电回路检查	主要		电源电缆带屏蔽层,回路无寄生回路、标示清晰,各回路对地及各回路之间的阻值均应≥10MΩ	检查电源电缆规格型号,采用1000V 绝缘电阻表,测试回路对地及回路间的绝缘电阻		
13		装置工作电源掉电和恢复	主要		装置断电恢复过程中无异常,通电后工作稳定正常	断开装置电源		
14	抗干扰措施的检查	检查装置外壳接地电阻值	主要		装置外壳与接地母线铜排的电阻值应为零	检测装置外壳与接地母线铜排的电阻值		
15	程序的版本检查	核对装置的程序版本号	重要		装置与南网发布入网测试版本一致	装置液晶面板上检查程序的版本号		南网暂时未下发
16	资产台账收资	检查资产台账收资表	重要		资产台账收资正确、齐全	按照设备类别收集相关台账信息,提交设备注册清单表		

序号	工序	检验项目	性质	质量标准		检验方法及器具	施工单位自检结果	启委会验收组抽查结果
				验收结果	合格要求			
17	态势感知采集装置网络通道调试	态势感知装置对上通信情况	主要		（1）站端横向防火墙配置地址转换、路由及相关策略。（2）已在控制区互联交换机置相关路由、镜像及接口模式。（3）主站已添加站端转发表	检查站端态势感知装置与主站正常通信		
18	网络安全数据接入配置	安全设备配置情况检查	主要		纵向加密认证装置、防火墙等安全设备按照实施方案配置齐全、正确	检查装置备份及配置策略		
		网络设备配置情况检查	主要		控制区交换机、站控层核心交换机、站控层接入交换机、综合数据网交换机、视频监控交换机等网络设备按照实施方案配置齐全、正确	检查装置备份及配置策略		
		通用主机配置情况检查	主要		监控工作站、"五防"工作站、网络发令终端、视频监控工作站、在线监测工作站、OA主机等，操作系统类型包括Windows、Minix、Linux、SCO UNIX、HP UNIX、SUN UNIX（SOLARIS）、IBM UNIX（AIX）等通用主机按照实施方案配置齐全、正确	检查装置配置情况		
19	态势感知装置功能验证	网络行为——网络接入功能验证	主要		主站网络接入信息事件正常	将调试笔记本接入任意一台已接入采集装置的交换机，在主站系统能生成网口接入的事件信息		
		网络行为——原始通信功能验证	主要		装置上送原始通信正常	检查采集装置是否上送原始通信，并在主站确认		
		网络行为——安全策略功能验证	主要		不符合安全策略的事件信息上送正常	在采集装置wget防火墙安全策略所禁止访问的IP地址及端口在主站系统能生成不符合安全策略的事件信息		

续表

序号	工序	检验项目	性质	质量标准		检验方法及器具	施工单位自检结果	启委会验收组抽查结果
				验收结果	合格要求			
19	态势感知装置功能验证	网络行为——可疑文件功能验证	主要		可疑文件的事件信息上送正常	将调试笔记本接入采集装置空余网口,在调试笔记本上开启FTP服务,通过采集装置上传文件到调试笔记本,在主站系统能生成可疑文件的事件信息		
		外设接入功能验证	主要		外设接入的事件信息上送正常	将一个安全U盘接入任意一台已接入采集装置的Linux主机,在主站系统能生成USB设备接入的事件信息		
		登录操作功能验证	主要		登录操作的事件信息上送正常	使用调试笔记本采用SSH方式登录接入任意一台已配置syslog的被采集设备,在主站系统能生成登录操作的事件信息		
		代码程序功能验证	主要		关键文件变化的事件信息上送正常	在主站系统下发一个关键文件到采集装置,对此关键文件进行修改、删除,在主站系统能生成关键文件变化的事件信息		
		资产发现——资产注册功能验证	主要		资产注册功能验证正常	在主站系统注册采集装置扫描网段,配置发包间隔,启动资产扫描功能,在主站系统能发现未知资产;在主站系统进行资产注册,检查是否注册成功;随机抽取注册成功的资产进行修改、拼接、删除,检查是否成功		
		资产发现——在离线功能验证	主要		在离线功能验证正常	将调试笔记本注册成已知资产,再拔掉连接的网线,在主站系统检查此资产是否离线(需要等待10min)		
		互联拓扑	主要		主站系统查看本变电站的网络拓扑正常	在主站系统查看本变电站的网络拓扑是否正常		

续表

序号	工序	检验项目	性质	质量标准		检验方法及器具	施工单位自检结果	启委会验收组抽查结果
				验收结果	合格要求			
19	态势感知装置功能验证	运行状态功能验证	主要		运行状态功能正常	在主站系统查看已注册的资产运行状态是否正常显示		
		注册资产扫描周期验证	主要		已按照要求正确设置扫描周期阈值	对照方案正确开启扫描方式		
		开放服务功能验证	主要		开放服务功能验证正常	在主站系统选择一个已注册的资产,点击端口扫描,在主站能查看端口扫描结果		
		配置合规功能验证	主要		配置合规功能正常	在主站系统启动采集装置SS通道,选择一个已注册的资产进行配置合规检查,在主站能查看检查结果		
		系统漏洞功能验证	主要		系统漏洞功能正常	验证系统漏洞功能: 在主站系统启动采集装置SS通道,选择一个已注册的资产进行系统漏洞扫描,在主站能查看扫描结果		
20	实用化指标	指标情况	重要		设备接入率	交换机、防火墙、纵向加密认证装置、横向隔离装置、通用主机完成日志送出配置,并实际验证在主站中能正确产生告警及相应事件。此项指标由态势感知系统每月自动统计,统计时间点为每自然月最后一天。基建站要求指标达到100%		
					设备注册率	态势感知系统会将探测发现的设备纳为未知资产,通过录入该设备相应信息登记为已注册设备。设备注册率是指系统中已注册设备占态势感知系统探测到的设备总数的比例,由态势感知系统每月自动统计,统计时间点为每自然月最后一天。基建站要求指标达到100%		

续表

序号	工序	检验项目	性质	质量标准		检验方法及器具	施工单位自检结果	启委会验收组抽查结果
				验收结果	合格要求			
20	实用化指标	指标情况	重要		网安专业设备可用率	网安专业设备包括防火墙、纵向加密认证装置、横向隔离装置、态势感知采集装置。可用率指设备的可用时间占统计周期内总运行时间的比例（检修时间除外），本指标由态势感知系统根据系统统计数据及人工录入数据综合计算，以自然月为统计周期，统计时间点为每自然月最后一天。基建站要求指标达到100%		
21		其他指标情况	主要		扫描覆盖率、告警处置及时率等其他指标	各项指标达标		

监理单位验收意见：

启委会验收组验收意见：

合格：_____项
不合格：_____项

缺陷处理情况：

验收单位	质量验收结论	签名		
班组		年	月	日
施工队		年	月	日
项目部		年	月	日
监理		年	月	日
启委会验收组（只对所抽检分项工程签名确认）		年	月	日

![章节标识 17]

自动化远程智能运维及源端维护系统

17.1　自动化远程智能运维及源端维护系统概述

源端维护功能包括主站建立和站内的通信连接，根据主站需要召回 CIM 模型文件、SVG 图形文件；在主站解析全站一次模型从模型中挑取所需测点向智能远动机订阅；主子站通过特定通信规约实现模型文件的传输、维护和数据订阅发布；主站进行解析 CIM 模型进行模型校验，进而导入自身应用系统（比如 SCADA、PAS 等），并进行模型和自身系统的完全融合。

工程调试时智能远动机应工作在双主模式下（A、B 机），源端维护及订阅发布过程可以由子站发起，也可以由主站发起。当子站 SCD、CIM、SVG 模型发生变化时，过程由子站发起。当子站 SCD、CIM、SVG 模型未发生变化，主站需要变更 MAP 文件时，过程由主站发起。

源端维护系统的验收包括主站调试验收和子站调试验收，如图 17-1 所示。

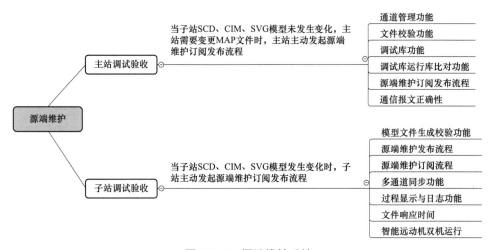

图 17-1　源端维护系统

（1）主站调试验收。

1）通道管理功能验收。主站具备与指定通道建立通信获取应用数据功能，可以在主备通道之间进行切换，可以按照远动 IP 指定值班通道，也可以双通道同时进行应用报文通信。

2）文件校验功能验收。主站需要对智能远动机召唤的各类文件进行校验，检查文件格式是否正确，是否可以用友好的界面展示 CIM 模型的变化，并按站次记录 CIM、SVG 模型版本信息。

3）文件响应时间验收。主站接收到 CIM、SVG 文件后，加载到中间数据库的时间不超过 60s。

4）调试库功能验收。为保证主站数据的正确性，主站具备离线调试库，可以从前置刷新数据，在发布到运行库之前完成模型、图形、通信功能校验。此外还具备调试库、运行库的对比功能。

5）点表编辑功能验收。主站操作人员根据召唤的模型文件信息，挑点形成 MAP 文件，并下装到智能远动机。

6）手动功能验收。主站可手动召唤 VER、CIM、SVG、MAP 文件，手动下发"停止'四遥'传输"报文，"激活'四遥'传输"报文。

（2）子站调试验收。

1）模型文件生成校验功能验收。子站需要对模型文件进行校验。给智能远动机下载模型文件前需使用子站提供的模型校验工具，对 CIM、SVG 文件进行校验，下载到智能远动机的 CIM、SVG 文件应是经过校验正确以及模型变化得到认可的文件。

子站需要对主站下载的 MAP 文件进行校验，校验失败时应返回失败应答给主站。MAP 的校验规则如下：

➢ 检查 MAP 文件的格式正确；

➢ 检查 MAP 文件中 CIM 版本信息和本地一致；

➢ 检查 MAP 文件中所有测点都可以关联到本地数据库。

2）多通道同步功能验收。在指定的一台智能远动机上，同一个调度有多个通道且转发表相同的情况下，在指定一个通道上进行模型、图形文件更新及 MAP 文件下载，该通道在接收到 MAP 文件后自动同步到其他通道，每个通道分别加载 MAP 文件并初始化，然后复位自身链路。

3）文件响应时间验收。站端智能远动机接收到主站下发的 MAP 文件后，对其校验和加载过程不应超过 60s。

4）过程显示与日志功能验收。子站具备源端维护全过程的步骤信息与告警信息展示及日志记录功能，以便于查看及定位问题。

5）智能远动机双机运行验收。双机运行的智能远动机，本地配置工具对 2 台远动机分别下载更新 SCD、CIM 文件及 SVG 文件，MAP 文件由每台远动机对应的主站分别下装。

17.2 自动化远程智能运维及源端维护主站端工程质量验收记录表

自动化远程智能运维及源端维护主站端工程质量验收记录表见表 17-1。

表 17-1　　　自动化远程智能运维及源端维护主站端工程质量验收记录表

产品型号					制造厂家			
程序版本					所属间隔			
序号	工序	检验项目	性质	质量标准		检验方法及器具	施工单位自检结果	启委会验收组抽查结果
				验收结果	合格要求			
1	通道管理功能	（1）主站应具备指定通道建立通信获取应用数据功能	主要		应具备	主站指定通道建立通信获取应用数据功能		
		（2）主站应具备与远动机主备通道之间切换功能	主要		通道切换功能正常	切换主站与远动机主备通道		
		（3）主站应具备按照远动 IP 指定值班通道的封锁功能	主要		应具备	主站按照远动 IP 指定值班通道的封锁功能		
		（4）主站应具备双通道同时进行应用报文通信功能	主要		应具备	主站应具备双通道同时进行应用报文通信功能		
2	文件校验功能	（1）对智能远动机召唤的 CIM、SVG 文件进行 CRC 校验	主要		文件格式校核正确	对智能远动机召唤 CIM、SVG 文件进行 CRC 校验		
		（2）CIM 文件格式校验	主要		文件格式校核正确	CIM 文件格式校验		
		（3）SVG 文件格式校验	主要		文件格式校核正确	SVG 文件格式校验		
		（4）按站次记录 CIM、SVG 模型版本信息	主要		记录清晰	按站次记录 CIM、SVG 模型版本信息		
3	调试库功能	（1）主站应具备离线调试库并可以从前置刷新数据	主要		应具备	主站具备离线调试库并可以从前置刷新数据		
		（2）在发布到运行库之前完成模型、图形、通信功能校验	主要		功能正常	在发布到运行库之前完成模型、图形、通信功能校验		
4	调试库运行库比对功能	（1）调试库运行库采集模型比对	主要		功能正常	调试库运行库采集模型比对		
		（2）调试库运行库测点模型比对	主要		功能正常	调试库运行库测点模型比对		

145

序号	工序	检验项目	性质	质量标准		检验方法及器具	施工单位自检结果	启委会验收组抽查结果
				验收结果	合格要求			
5	点表编辑功能	（1）主站从 CIM 文件挑选测点形成 MAP 文件时应具备智能筛选功能，提高工作效率	主要		应具备	主站从 CIM 文件挑选测点形成 MAP 文件时应具备智能筛选功能，提高工作效率		
		（2）测点按电压等级一间隔层级划分，便于筛选	主要		功能正常	测点按电压等级一间隔层级划分		
		（3）改变原有点号时有提示告警功能	主要		功能正常	改变原有点号时，有提示告警功能		
6	源端维护订阅发布流程	（1）创建源端维护通道	主要		功能正常	创建源端维护通道		
		（2）主站召唤 VER 文件	主要		功能正常	主站召唤 VER 文件		
		（3）主站召唤上送 CIM 文件，传输格式为 ZIP 压缩格式，且文件内容正确	主要		功能正常	主站召唤上送 CIM 文件，传输格式为 ZIP 压缩格式，且文件内容正确		
		（4）主站召唤上送 SVG 文件，传输格式为 ZIP 压缩格式，且文件内容正确	主要		功能正常	主站召唤上送 SVG 文件，传输格式为 ZIP 压缩格式，且文件内容正确		
		（5）主站校验 CIM、SVG 文件版本未发生变化	主要		功能正常	主站校验 CIM、SVG 文件版本未发生变化		
		（6）主站挑选点表形成 MAP	主要		功能正常	主站挑选点表形成 MAP		
		（7）主站下发 MAP 文件，等待子站装载 MAP	主要		功能正常	主站下发 MAP 文件，等待子站装载 MAP		
		（8）主站调试库模型导入	主要		功能正常	主站调试库模型导入		
		（9）主站调试库 SVG 校验并导入	主要		功能正常	主站调试库 SVG 校验并导入		
		（10）主站激活"四遥"数据传输	主要		功能正常	主站激活"四遥"数据传输		
		（11）主站确认调试库模型、图形、通信正常	主要		功能正常	主站确认调试库模型、图形、通信正常		
		（12）主站运行库模型导入	主要		功能正常	主站运行库模型导入		
		（13）主站运行库 SVG 导入	主要		功能正常	主站运行库 SVG 导入		
		（14）调试库运行库采集模型比对	主要		功能正常	调试库运行库采集模型比对		

序号	工序	检验项目	性质	质量标准		检验方法及器具	施工单位自检结果	启委会验收组抽查结果
				验收结果	合格要求			
6	源端维护订阅发布流程	（15）调试库运行库测点模型比对	主要		功能正常	调试库运行库测点模型比对		
		（16）主站确认调试库模型、图形、通信正常，完成整体流程	主要		功能正常	主站确认调试库模型、图形、通信正常，完成整体流程		
7	通信报文正确性	（1）激活"四遥"数据传输	主要		报文测试正确	报文测试		
		（2）读文件激活	主要		报文测试正确	报文测试		
		（3）读文件数据	主要		报文测试正确	报文测试		
		（4）写文件激活	主要		报文测试正确	报文测试		
		（5）写文件数据传输	主要		报文测试正确	报文测试		

17.3　自动化远程智能运维及源端维护变电站端工程质量验收记录表

自动化远程智能运维及源端维护变电站端工程质量验收记录表见表 17-2。

表 17-2　　自动化远程智能运维及源端维护变电站端工程质量验收记录表

产品型号				制造厂家				
程序版本				所属间隔				

序号	工序	检验项目	性质	质量标准		检验方法及器具	施工单位自检结果	启委会验收组抽查结果
				验收结果	合格要求			
1	模型文件生成校验功能	（1）可以生成符合南网技术规范的 CIM、SVG 文件，子站应提供模型校验工具，能够对 CIM、SVG 文件进行校验。下载到智能远动机的 CIM、SVG 文件应是经过校验正确以及模型变化得到认可的文件	主要		功能正常	在本地进行版本校验，提供一个错误的 CIM 文件，检查校验工具能够校验出相应错误，标出模型文件增、改、删以后的变化部分		
			主要		功能正常	在本地进行版本校验，提供一个错误的 SVG 文件，检查校验工具能够校验出相应错误，标出模型文件增、改、删以后的变化部分		

序号	工序	检验项目	性质	质量标准		检验方法及器具	施工单位自检结果	启委会验收组抽查结果
				验收结果	合格要求			
1	模型文件生成校验功能	（2）子站应对主站下发的 MAP 文件进行校验，校验失败时应返回失败应答给主站	主要		功能正常	模拟主站下发错误的 MAP 文件，看子站是否回否定应答报文，是否产生错误报警		
		（3）MAP 文件校验规则检查	主要		功能正常	检查 MAP 文件的格式正确		
			主要		功能正常	检查 MAP 文件中 CIM 版本信息和本地一致		
			主要		功能正常	检查 MAP 文件中所有测点都可以关联到本地数据库		
2	源端维护发布流程	（1）智能远动机接收到下发的 SCD、CIM、SVG 文件后，自动生成（更新）各通道 VER 文件	主要		功能正常	检查智能远动机本地是否生成各通道的 VER 文件，且文件内容正确		
		（2）主站召唤 VER、CIM、SVG 文件时，远动机应能正确上送相应文件	主要		功能正常	检查智能远动机是否可响应主站召唤上送 VER 文件		
			主要		功能正常	检查智能远动机是否可响应主站召唤上送 CIM 文件，传输格式为 ZIP 压缩格式，且文件内容正确		
			主要		功能正常	检查智能远动机是否可响应主站召唤上送 SVG 文件，传输格式为 ZIP 压缩格式，且文件内容正确		
3	源端维护订阅流程	（1）主站端和远动建立通信之后下发"停止'四遥'传输"报文，远动机应能正确响应并停止"四遥"数据上送	主要		功能正常	运动应能正确接收主站下发的"停止'四遥'传输"报文并停止"四遥"数据上送		
		（2）主站端下发 MAP 文件后，远动机应能正常响应并更新 VER 文件	主要		功能正常	主站下发正确的 MAP 文件之后，召唤新 VER 文件检查是否更新		
		（3）主站下发"激活'四遥'数据传输"报文，启动正常通信流程，远动机应能正确上送"四遥"数据	主要		功能正常	远动及接收到"激活'四遥'数据传输"报文后，确认按照当前点表上送"四遥"数据		

序号	工序	检验项目	性质	质量标准		检验方法及器具	施工单位自检结果	启委会验收组抽查结果
				验收结果	合格要求			
4	多通道同步功能	在指定的一台智能远动机上，同一个调度有多个通道且转发表相同的情况下，在指定一个通道上进行模型、图形文件更新及 MAP 文件下载，该通道在接收到 MAP 文件后自动同步到其他通道，每个通道分别加载 MAP 文件并初始化，然后复位自身链路	主要		功能正常	（1）配置远动机对同一调度启用多个通道通信		
			主要		功能正常	（2）在其中一个通道上进行模型、图形文件更新及 MAP 文件下载		
			主要		功能正常	（3）检查该通道在接收到 MAP 文件后是否自动同步到其他通道，每一个通道分别加载 MAP 文件并初始化，然后复位自身链路		
5	过程显示与日志功能	子站应具备源端维护全过程的步骤信息与告警信息展示及日志记录功能	主要		功能正常	通过主站进行源端维护操作，检查远动机是否能够显示源端维护过程信息		
			主要		功能正常	模拟文件校验或传输失败，检查是否有相应告警信息		
			主要		功能正常	检查源端维护的过程及告警信息是否以日志形式进行记录		
6	文件响应时间	站端智能远动机接收到主站下发的 MAP 文件后，对其校验和加载过程不应超过 60s	主要		功能正常	分别通过主站下发正确的和错误的 MAP 文件，检查远动机校验和加载的时间是否满足要求		
7	智能远动机双机运行	双机运行的智能远动机，本地配置工具对 2 台机分别下载更新 SCD、CIM 文件及 SVG 文件，MAP 文件由每台机对应的主站分别下装	主要		功能正常	本地配置工具可分别对 2 台机下载更新 SCD、CIM、SVG 文件，且远动机可以正确生成对应通道的 VER 文件		
			主要		功能正常	主站分别对 2 台远动下装 MAP 文件，2 台远动可正确校验并加载		

18

变电站视频监控系统

18.1 变电站视频监控系统概述

变电站视频及环境监控系统（简称视频系统）是利用计算机技术、音视频技术、网络技术等实现变电站视频信息、环境信息的采集和应用。该系统作为电网生产辅助监视、现场工作行为监督、事故及故障辅助分析、应急指挥及演练、反事故演习、安全警卫、各类专项检查等功能的重要技术手段，建设意义及作用十分重大。

站端系统由站内监控工作站、RPU、视频监控设备、环境信息采集设备、网络设备等组成，实现对站端现场视频及各种环境信息采集、处理、监控等功能；站端系统仅向地区级主站提供一个 IP 地址供访问。其中，环境采集设备可采用分布式方式接入站端处理单元。当站内设备较多、超过主控通信器转发数量时，可酌情增加通信控制器设备。

变电站视频监控系统总体架构图如图 18-1 所示。

变电站视频监控系统具备以下功能：

1）实时监视。对开关室、电容器室、主变压器及其高压配电设备进行运行监控；对大门口和重要的通道出入口进行监控。统一采集周界、室内系统和大门，门禁告警信号以及其他报警信息输入，如变压器油位和火警报警；环境监控系统，温度、湿度采集、空调机启停和瓦斯泄漏检测等。

2）事故追忆。以往故障录波是事故发生的记录和追忆的唯一手段。随着视频监视技术的发展也可以作为事故追忆的辅助手段，并能提供事故发生时的变电站环境数据，更有利于对事故发生进行分析。

3）现场操作指示。变电站的各种操作比较烦琐，一般用"五防"闭锁系统来防止误操作。在视频监视系统出现后，调度中心的值班人员可以利用远程实时监视，对远方变电站操作人员进行操作指导，及时矫正操作错误。遥视的高空摄像机可以发现一些容易被忽视的工作遗留物，消除安全隐患。

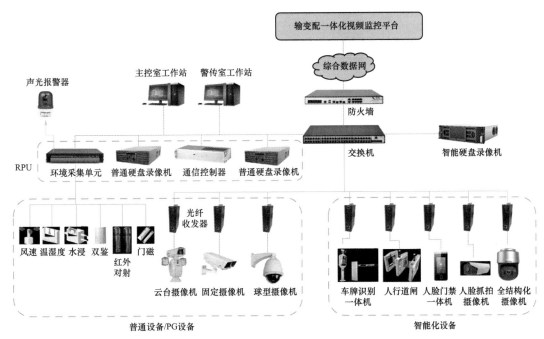

图 18-1 变电站视频监控系统总体架构图

4）安全防范。防火、防盗在视频监视系统中，通过使用各种传感器，如烟感传感器、红外微波探头和门禁传感器以及分布在变电站各监控点的传感器，将火警、盗警信号传给调度中心，以便工作人员作出快速反应。遥视系统还可以反映画面上的微小的像素变化。对于一些未经许可不准进入的禁区，如高压室，可以灵敏地告警人员误入、小动物入侵。所以像素变化反应是防止高压室小动物事故有效的措施。

18.2 变电站视频监控系统工程质量验收记录表

变电站视频监控系统工程质量验收记录表见表 18-1。

表 18-1　　　　　　变电站视频监控系统工程质量验收记录表

产品型号							
程序版本			制造厂家				
			安装位置				

序号	工序	检验项目	性质	质量标准		检验方法及器具	施工单位自检结果	启委会验收组抽查结果
				验收结果	合格要求			
1	资料检查	出厂试验报告、合格证、图纸资料、技术说明书，装箱记录、开箱记录等检查	主要		齐全、正确	查阅、记录，监理工程师签字确认并保存		

续表

序号	工序	检验项目	性质	验收结果	合格要求	检验方法及器具	施工单位自检结果	启委会验收组抽查结果
				质量标准				
2	资料检查	隐蔽工程验收检查记录	重要		齐全、正确	对直埋、预埋管线等隐蔽工程,在隐蔽前由施工单位通知业主项目部、监理单位进行验收并形成验收文件。验收内容包括管线材质、敷设工艺、地面标识等		
3	现场安装工艺检查	线缆敷设	主要		符合设计要求	站内所有走线均由主控室RMP直下电缆层:一部分穿墙绕道至各个房间,一部分电缆竖井直下到第一层后再走电缆沟到场地的各个设备		
4			主要		符合设计要求	线缆不应敷设在高温设备及其管道上,以及具有腐蚀性介质的管道、设备(如电池组)的下方		
5			主要		符合设计要求	室内所有的明线走铝/铁/PVC线槽,墙内走暗线,电缆沟内走线穿PVC套管,户外场地地下走线穿镀锌套管,室外地下出线到配电箱穿镀锌套管,室外场地构架配电箱至摄像机穿镀锌套管,室外楼顶走线穿镀锌套管,室外楼顶配电箱到摄像机走线穿镀锌套管		
6			主要		符合设计要求	摄像机线管严格按照电气规范进行管线敷设,将强电与弱电信号线隔离穿敷,避免干扰,同时应采取防雷措施,保持良好的接地		
7			主要		符合设计要求	对直埋、预埋管线应有准确的地面标识		
8		接地、防雷	主要		符合设计要求	球型摄像机及电源箱本身也应保持良好的接地,防止静电累积等对球机产生影响;在室外空旷环境,应采取独立的外部防雷措施		
9		设备安装	主要		符合要求	室内摄像机以原装支架壁装为主,楼顶一般都应定制支架安装		
10			主要		符合要求	室外构架球型摄像机安装支架应定制并用抱箍固定,构架上的走管、电源箱都应用抱箍固定管严格按照电气规范进行管线敷设,将强电与弱电信号线隔离穿敷,避免干扰,同时应采取防雷措		
11			主要		符合要求	场地需要立柱安装摄像机的,立柱的位置要尽可能远离高压设备,球型摄像机放楼顶时须做一个可伸出到墙外的安装支架,使摄像机尽可能监视到大的范围		

序号	工序	检验项目	性质	质量标准		检验方法及器具	施工单位自检结果	启委会验收组抽查结果
				验收结果	合格要求			
12	现场安装工艺检查	设备安装	主要		符合要求	温湿度传感器安装应避免阳光直射或直接接触热源冷源；风速传感器应放置于空旷且没有东西阻挡风处		
13		设备安装	主要		符合要求	环境采集单元报警端口当设置无触发状态下探测器输出为常闭信号，需在信号端与公共端串接 2.2kΩ匹配电阻；当设置无触发状态下探测器输出为常开信号，需在信号端与公共端并接 2.2kΩ匹配电阻		
14			主要		符合要求	环境采集单元连接探测器接线时，环境采集单元、探测器、电源之间必须形成一个电流环路		
15		设备标识	主要		符合要求	所有摄像机、传感器、红外对射等外围设备都要在设备旁贴标识牌（内容为符号+摄像机名称）		
16		设备标识	主要		符合要求	进入机柜内的电源线、网线、光缆、数据线必须挂标牌，接入交换机的尾纤/网线必须贴黄标签，接入接线端子的所有线芯都必须套线管，机柜内的空气开关必须贴黄标签，柜内设备必须贴黄标签		
17			主要		符合要求	机柜的电缆处理引入机柜的电缆应排列整齐，编号清晰，避免交叉，并应可靠固定		
18			主要		符合要求	所有电源箱内线缆都要挂标牌或穿套管、贴黄标签		
19		电缆施工	主要		符合要求	铠装电缆在进入机柜后，应将钢带切断，切断处的端口应扎紧，并将钢带接地		
20		机柜施工	主要		符合要求	机柜接线应按图施工，接线正确，连接可靠，电缆芯线和所配导线的端部应标明编号		
21		机柜施工	主要		符合要求	机柜接线使用与逻辑回路的屏蔽电缆以及视频电缆，其屏蔽层应按设计要求的方式予以接地；橡胶绝缘芯线应外套绝缘套管保护		
22			主要		符合要求	检查机柜各装置主板及各插件指示灯应正常，装置清洁无灰尘		

序号	工序	检验项目	性质	质量标准		检验方法及器具	施工单位自检结果	启委会验收组抽查结果
				验收结果	合格要求			
23			主要		符合要求	界面视图分三个区域：功能区、一次设备树形列表和视频窗口区域，支持以摄像头列表进行监控；支持以一次设备树形列表进行监控；支持以一次设备接线图的方式进行一次设备视频监控；支持场景化、图形化、立体化监控；支持图形化场景中将环境信息、视频信息集中展示		
24		视图分区	主要		符合要求	视频预览窗口大小为视频窗口的1/4，默认可同时显示4路实时视频		
25			主要		符合要求	界面视图分为维护视图与监控视图两种展现方式，系统管理员及维护员可按照相应权限进行切换，维护视图与监控视图具备模糊查询功能		
26	主界面视图展示		主要		符合要求	在主站、站端的树形菜单中的摄像机名称前应标注摄像机图标，并根据图标可区分不同类型摄像机，并有在线与非在线的区分标识（放在前面模块）		
27			主要		符合要求	主站、站端系统的监控视图展现方式为：变电站名称→一次设备或重要区域→所有关联的摄像机监控场景		
28		展视方式	主要		符合要求	主站、站端系统的维护视图展现方式为：变电站名称→摄像机安装区域→摄像机		
29			主要		符合要求	监控视图中"关联的摄像机监控场景"中支持加入同一球型摄像机的多个预置位、不同球型摄像机的多个预置位、固定枪机对应视频通道		
30			主要		符合要求	监控视图中，点击左侧树形列表中的一次设备，应弹出相关的实时预览视频（至少1路）		
31			主要		符合要求	监控视图展示合理性核查，包括对三级目录命名合理性的核查		
32		目录名命	主要		符合要求	维护视图展示合理性核查，包括对三级目录命名合理性的核查		
33	系统配置管理	参数设置检查	主要		符合要求	RPU参数设置，包括RPU设备名称、设备编号、设备服务IP和端口、系统时间、NTP服务器、添加/删除用户、修改用户口令、网络参数设置、接入参数设置、远程重启		

序号	工序	检验项目	性质	质量标准		检验方法及器具	施工单位自检结果	启委会验收组抽查结果
				验收结果	合格要求			
34			主要		符合要求	RPU、IPC 设备的所有配置参数可另存为配置模板,具备导入/导出功能		
35		参数设置检查	主要		符合要求	摄像机参数设置,包括运动侦测区域、运动侦测灵敏度、编码分辨率、编码控制模式、编码码流画质、编码帧率、I 帧间隔、OSD 显示方位、OSD 显示内容、图像内容遮挡配置		
36			主要		符合要求	环境量设置,包括环境量参数、环境量报警参数		
37	系统配置管理	权限管理	重要		RPU、IPC 按网络安全要求配置用户权限和密码	权限管理:用户权限管理由角色、功能分级分层定义组成;各个用户权限通过超级用户设置(关闭不必要的网络服务:禁止开启无关的服务,禁用或关闭 E-Mail、Web、FTP、telnet、rlogin、NetBIOS、DHCP、SNMPV3 以下版本、SMB 等通用网络服务或功能。排查是否已关闭高危端口,关闭自动更新功能,关闭热点等。账号密码检查:清除不合规的用户;清除弱口令、默认口令账号、检查账户权限设置是否合理等)		
38		操作日志检查	主要		符合要求	系统应能对用户的所有操作进行记录,具备操作日志显示		
39		软件功能检查	主要		符合要求	站端系统软件有桌面快捷方式,系统最小化时,应在任务栏显示		
40	视频监控	画面切换	主要		符合要求	在实时视频界面,点击画面切换按钮,切换视频画面显示模式,可以对画面进行全屏、单路、4、9、16 路和自定义之间的切换		
41		打开/关闭视频流	主要		符合要求	在主站、站端的实时预览界面,可打开/关闭单路摄像机的实时视频流,可关闭所有打开的实时视频流,同一视频应可在多个画面打开		
42		主站接收	需主站具备功能		符合要求	地区级主站可接收到站端 RPU 上报的 RPU 和 IPC 运行情况的在线率日报		
43		对时检查	重要		时间一致	站端系统对时功能核查,地区级主站与 RPU、RPU 与摄像机的 OSD 时间都应保证一致		

155

续表

序号	工序	检验项目	性质	质量标准 验收结果	合格要求	检验方法及器具	施工单位自检结果	启委会验收组抽查结果
44	视频监控	同屏显示检查	主要		视频显示正常、流畅	站内监控工作站可流畅同屏显示 1、4、9、16 路 D1 格式实时视频		
45		摄像机接入情况、摄像机画面核查	主要		接入应正常显示，显示不正常应正确提示	检查是否所有网络摄像机和模拟摄像机的视频接入并正常显示，未成功连接上的应提示其原因。检查每个摄像机图像是否清晰、是否无异物遮挡，检查图像出现马赛克、中断停顿		
46		摄像机控制检查	主要		控制正确	摄像机控制分 8 个方向：上、下、左、右、左上、右上、左下、右下，由上下左右组合，各方向运动速度设定值为 1~10 级		
47			主要		功能正常	在视频画面上利用鼠标拖拽监控视频的方式控制摄像机的监控方位、视角，实现快速拉近、推远、定焦某个景物		
48			主要		功能正常	远程视频控制，包括在主站可正常显示端系统的监控视图和维护视图，地区级主站可自动获取和设置摄像机的 OSD 信息		
49			主要		功能正常	在主站可在视频画面上利用鼠标拖拽监控视频的方式控制摄像机的监控方位、视角，实现快速拉近、推远、定焦某个景物		
50	摄像机控制功能	预置位检查	主要		预置位功能正常	用户可新增、编辑、删除预置位；带预置位的摄像机在设定的时间内未被操作，应自动回归默认预置位		
51			主要		OSD 设置正常	以 OSD 方式显示摄像机的名称，支持汉字、字母、数字、字符等混合模式，且字符总长至少支持 40 个字节或以上		
52			重要		摄像机名命符合规范，OSD 显示信息正确	摄像机 OSD 显示信息正确性核查，正确显示"时间、地名（地级市）、电压等级、变电站名、摄像机安装点、摄像机类型"等信息，发生告警时，OSD 应增加简要告警内容		
53			主要		预置位调用、显示正常	调用摄像机预置位时画面应以 OSD 方式显示对应预置位名称，支持汉字、字母、数字、字符等混合模式，支持分行显示，且字符总长至少支持 40 个字节或以上，预置位命名规则应依据对应规范规定		

续表

序号	工序	检验项目	性质	质量标准		检验方法及器具	施工单位自检结果	启委会验收组抽查结果
				验收结果	合格要求			
54	摄像机控制功能	预置位检查	主要		预置位调用、显示正确	默认预置位配置核查，包括默认预置位设置的合理性（不允许出现监控死角）和默认预置位命名（该预置位所监控的场景）		
55			重要		预置位在主站可正确操作，以及调用、显示正确	在主站可设置、调用、删除任一摄像机的普通预置位		
56	录像管理	录像功能检查	主要		符合要求	站端录像核查，每个摄像机应已设置了长时间自动循环录像存储，视频录像以秒为单位的视频流方式存储		
57			主要		符合要求	具备自主选择录像文件存储分包时间段，建议每个录像文件时间间隔配置为 10～15min		
58			主要		符合要求	存储单元负责存储，宜采用堆叠方式；具备至少 8 个硬盘插槽，每个插槽支持单块硬盘容量为 1～6TB 或以上。单台存储单元支持同时接入 24 路及以上摄像机，支持网络方式叠加扩充		
59			重要		符合要求；如有安保要求，应符合当地安保视频保存时间要求	摄像机视频录像保存时间：≥1 个月		
60			主要		符合要求	当存储单元设备发生故障时，根据故障类型发告警信息。对于不影响硬盘基本功能的零部件故障，如存在坏道，可由硬盘发送自检告警信息；对于硬盘物理性故障，如本体故障，可造成硬盘无法正常读写，则需依靠通信和软件验证硬盘读写失败，并分析故障原因，发出相应告警		
61			主要		符合要求	存储单元具备 VGA 或 DVI 输出口，可实现接入站内警传室显示器，并通过遥控器实现对站内摄像机画面的实时监控		
62			主要		符合要求	在站端能对非重要区域的监控点（即摄像机）实现告警前、告警后录像存储		
63		录像检索	主要		符合要求	在站端能对普通录像、告警录像以组合方式（时间、地点、类型等）进行检索和回放		
64		录像操作功能	主要		符合要求	在站端能对录像进行回放，支持快放、慢放等方式，录像回放的进度可控制		

续表

序号	工序	检验项目	性质	质量标准		检验方法及器具	施工单位自检结果	启委会验收组抽查结果
				验收结果	合格要求			
65	录像管理	主站录像查询	重要		符合要求	在主站可查询、回放任一摄像机的历史视频和告警录像，回放方式有慢放、常速、快速、进度条拖放等；可下载历史视频		
66		主站录像功能	主要		符合要求	在主站和站端可对任意摄像机的实时视频进行手动录像；对任一帧实时视频可以进行图片抓拍		
67	环境信息采集	环境量存储容量	主要		符合要求	环境数据的历史数据存储容量不少于1个月		
68		采集、监测、告警功能检查	主要		符合要求	站端系统实现对环境的实时采集、监测，并在异常时发出监测告警（环境信息异常告警、红外对射告警、水浸告警）并上传到主站		
69			主要		符合要求	可设置不同级别的环境信息告警值（如上限、下限）		
70			主要		符合要求	温度、湿度、风力等环境信息数据应采取变化传输方式上送地区主站，阈值可设		
71		环境量命名规范性检查	主要		符合要求	环境监控信息分类列表中环境量信息正确性核查，包括环境信息命名为安装位置及其属性，以及环境监控设备数量		
72		环境量信息查询	主要		符合要求	支持检索并查看温度、湿度数据、风速数据的历史列表和曲线		
73			主要		符合要求	在站内、主站能对环境信息进行历史数据查询		
74		参数设置检查	主要		符合运行要求	工程化配置工作检查：对温度、湿度、风力等环境量参数设置的合理性核查，包括越上限、越下限的阈值配置的合理性，以及上报地区主站阈值的合理性		
75	告警联动	告警功能	主要		符合要求	站端系统具备监测告警功能，包括环境信息异常告警、消防告警、非法闯入告警、水浸告警、视频丢失、视频剧变等；发生非法闯入等安全事件时，应发出声光告警、联动对应视频，并将告警信息上传地区级主站		
76		掉线告警	主要		符合要求	站端设备（RPU、IPC）掉线、上线恢复应生成相应告警信息，并上传主站		
77		告警显示	主要		符合要求	发生安全警卫、环境量监测告警时，相关告警信息及时显示在实时告警窗口中		
78		告警查询	主要		符合要求	支持单个和多个告警信息确认，确认后该信息可从实时告警窗消除。历史告警信息应完整，包括某时间发生的某类型告警由某人在某时间确认，告警信息可保存		

续表

序号	工序	检验项目	性质	质量标准		检验方法及器具	施工单位自检结果	启委会验收组抽查结果
				验收结果	合格要求			
79	告警联动	告警查询	主要		符合要求	告警级别可设定，告警事件日志中，一般告警和严重告警应有颜色区分，并有告警级别描述		
80			主要		符合要求	告警信息应带时标，精确到秒级；可按时间、区域、类型进行历史报警信息查询		
81		主、子站告警信息一致性	主要		符合要求	在站端进行统一的各项告警配置工作，发生告警时相关告警信息可在主站、站端获取并显示		
82	视频巡检	巡检设定	主要		符合要求	在主站、站端进行巡检配置时，参与巡检的对象可以任意设定，包括同一站端的不同摄像机、同一摄像机的不同预置位		
83			主要		符合要求	在主站、站端进行巡检配置时，可设定的间隔时间内对站内摄像机进行视频巡检，可设定的时间间隔是指从一个视频切换到另一个画面所需的时间，时间间隔可自定义		
84		巡检复位	主要		符合要求	主站、站端视频巡检完毕后摄像机应具备自动复位功能：完成巡检任务或控制完成的等待时间后，摄像机可自动回到默认监视位置		
85			主要		符合要求	摄像机回归默认预置位的等待时间应设置合理，避免在视频巡检时摄像机频繁回归默认预置位		
86		多组巡检计划配置检查	主要		符合要求	在主站、站端进行巡检配置时，应能保存事先配置好的多组巡检计划，并能对巡检计划的名称、巡检顺序等基本内容进行修改		
87	电子地图	电子地图功能检查	主要		符合要求	具备电子地图，可在图上标注摄像机和环境监控设备的位置、名称等信息，各类设备应易区分		
88			主要		符合要求	电子地图上点击一次设备同时监视一次设备的多个摄像机的多角度实时视频（简称多角度视频）		
89		电子地图导入	主要		符合要求	在主站、站端系统中可导入多张地图，每张地图支持缩小、放大等浏览功能		
90			主要		符合要求	电子地图上可支持变电站平面布置图、一次设备接线图等图片导入		
91		电子地图标注正确性	主要		符合要求	电子地图标注正确性核查，包括环境（温度、湿度、风力、水浸、红外、门禁）监控设备和一次设备标注的正确性		

续表

序号	工序	检验项目	性质	验收结果	合格要求	检验方法及器具	施工单位自检结果	启委会验收组抽查结果
92			主要		符合要求	支持在主站、站端系统后台部署视频分析软件模块		
93	视频分析	视频分析	主要		符合要求	可对每个网络摄像机部署警戒线、警戒区域功能，所有的警戒线、警戒区域矢量化		
94			主要		符合要求	每路视频至少可设4条警戒线、2个警戒区域，并支持规则组合		
95		实时视频	主要		符合要求	摄像机在主站使用主码流、辅码流均可正常播放		
96		云台控制	主要		符合要求	球型摄像机具备云台方向、放大、缩小、焦距、光圈、速度等控制功能		
97		预置位	重要		符合要求	主站能提取、设置球机预置位		
98		守望位	重要		符合要求	主站能提取、设置球机守望位		
99	主站验收	历史视频	主要		符合要求	摄像机在主站可按时间检索播放历史视频		
100		录像完整性检查	重要		符合要求	在主站检查摄像机录像完整性达100%		
101		RPU远程管理	主要		符合要求	主站能进行RPU远程管理，包括IP信息、系统配置、RPU用户、接入配置、时间以及重启远程管理操作		
102		IPC远程管理	主要		符合要求	主站能进行IPC远程管理，包括编码信息、OSD、遮挡区域以及预置位远程管理操作		

监理单位验收意见：

启委会验收组验收意见：

合格：_____项
不合格：_____项

缺陷处理情况：

验收单位	质量验收结论	签名
班组		年 月 日
施工队		年 月 日
项目部		年 月 日
监理		年 月 日
启委会验收组（只对所抽检分项工程签名确认）		年 月 日

徐强超，1982 年出生，2006 年参加工作，高级工程师，高级技师，长期从事变电站继保与自动化专业工作，曾获首届南网创客、广东省职工经济技术创新能手称号。获得全国创新奖励 7 项，获得网省级创新奖励几十项。参与过国标《IEC 61850 工程应用模型》等多项标准编写，是中电联在库专家。作为第一作者发表含 EI 及核心论文在内 11 篇文章，获得几十项项发明专利，培养的员工多次获得网省竞赛团体第一名及个人第一名。

钟华，1982 年出生，2004 年参加工作，中级工程师，高级技师，从事自动化专业工作 18 年，发表过 2 篇论文，曾多次获得公司成果转化应用奖和技术改进贡献奖。最近时期的成果包括 2021 年度"220kV 技改站施工过程技术升级推动新站标准设计"和 2021 年度"自动化技术优化策略在 220kV 变电站综自改造应用与推广"。

黄凯涛，1976 年出生，1998 年参加工作，中级工程师，技师，助理技术专家，从事变电站继保与自动化专业工作 24 年，参与过网省局多项规范修编，获得 6 项发明专利。"智能远动机推广应用"获 2020 年南网公司成果转化应用奖一等奖，"变电站自动化设备一体化运维配置工具推广应用"获 2020 年公司成果转化应用奖三等奖。

张一荻，1988 年出生，2012 参加工作，中级工程师，高级工，从事自动化专业工作 4 年，有 1 项专利，发表过 1 篇论文。

伍维键，1992 年出生，2017 年参加工作，中级工程师，高级工，从事自动化专业工作 5 年，发表过 1 篇论文。

何涛，1982 年出生，2005 年参加工作，高级工程师，高级工，从事自动化专业工作 10 年，有 3 项专利，发表过 2 篇论文，参与自动化相关规范修编。曾获得全国能源化学地质系统优秀职工技术创新成果二等奖、2020 年度公司职工技术创新二等奖、2017 年度中国电力创新三等奖、全国电力职工技术成果三等奖。

阚骁骢，1985 年出生，2006 年参加工作，中级工程师，技师，从事自动化专业工作 16 年，有 5 项专利，发表过 2 篇论文。参与《南方电网公司变电站程序化操作技术导则》《南方电网智能变电站程序化操作技术规范》的修编，曾获得 2016 年南方电网公司"创先杯"调度自动化专业（厂站方向）技能竞赛个人一等奖（第一名），获评中央企业技术能手。

林云振，1987 年出生，2009 年参加工作，中级工程师，技师，从事自动化专业工作 13 年，发表过 1 篇论文。

欧阳军，1984 年出生，2008 年参加工作，高级工程师，技师，从事自动化专业工作 14 年，有 2 项专利，发表过 3 篇论文，参与自动化相关规范修编。曾获得 2016 年南方电网公司"创先杯"调度自动化专业（厂站方向）技能竞赛个人二等奖（第四名）、"南方电网公司青年岗位能手"称号、2017 年度中国电力创新奖技术类三等奖。

关哲，1991 年出生，2016 年参加工作，中级工程师，技师，从事自动化专业工作 6 年，有 10 项专利，发表过 5 篇论文，参与自动化相关规范修编。曾获得 2021 年南方电网公司调度自动化技能竞赛厂站方向个人三等奖、"南方电网公司青年岗位能手"称号、2021 年中国电力行业电气自动化优秀创新成果铜奖 。

黄洪康，1991 年出生，2015 年参加工作，中级工程师，高级工，从事自动化专业工作 7 年，有 6 项专利，发表过 3 篇论文，参与自动化相关规范修编。曾获得 2017 年中国电力创新奖。

黎永昌，1990 年出生，2016 年参加工作，中级工程师，技师，从事自动化专业工作 6 年，有 3 项专利，发表过 2 篇论文。曾获得南方电网 2021 年调度自动化技能竞赛厂站方向个人一等奖。

戴蕾思，1992 年出生，2017 年参加工作，中级工程师，高级工，从事自动化专业工作 5 年，发表过 4 篇论文，曾获评 2021 年度广东省公司青马学员，获得 2021 年南方电网公司调度自动化专业（厂站方向）技能竞赛个人二等奖、"南方电网公司青年岗位能手"称号、2020 年广州供电局自动化专业（厂站方向）技能竞赛第二名、广州供电局技术能手称号、广州供电局 2019—2021 年度优秀共产党员。